情绪自愈力

文渊 —— 编著

北京联合出版公司
Beijing United Publishing Co.,Ltd.

图书在版编目（CIP）数据

情绪自愈力 / 文渊编著 . — 北京：北京联合出版公司 , 2025.2. — ISBN 978-7-5596-8217-8

Ⅰ . B842.6-49

中国国家版本馆 CIP 数据核字第 2024VL7523 号

情绪自愈力

编　　著：文　渊
出　品　人：赵红仕
责任编辑：高霁月
封面设计：韩　立
内文排版：吴秀侠

北京联合出版公司出版
（北京市西城区德外大街 83 号楼 9 层　100088）
德富泰（唐山）印务有限公司印刷　新华书店经销
字数 170 千字　720 毫米 ×1020 毫米　1/16　10.5 印张
2025 年 2 月第 1 版　2025 年 2 月第 1 次印刷
ISBN 978-7-5596-8217-8
定价：48.00 元

版权所有，侵权必究

未经书面许可，不得以任何方式转载、复制、翻印本书部分或全部内容。
本书若有质量问题，请与本公司图书销售中心联系调换。电话：（010）58815874

前言
Preface

在快节奏的现代社会,我们常常感到身心疲惫,内心充满了焦虑和不安。这种内心的消耗,我们称之为"情绪内耗"。情绪内耗不仅会让我们感到疲惫,还会影响我们的情绪和思维,让我们无法充分发挥自己的潜力。情绪内耗,犹如无形的枷锁,束缚着现代人的心灵。人们常常因为他人的一瞥而纠结不已,或是因为一句无心之言而在内心反复琢磨。过去的事情如同沉重的包袱,让人无法释怀,时时刻刻折磨着内心。长此以往,即便是再坚韧的意志,也会被这些无形的内耗所拖垮。内耗的主要原因包括自我能量的流动不顺畅,如思维受阻、情绪不稳定等。这些因素会导致个体在处理问题时感到疲惫和无力,从而影响到日常生活和工作效率。自我斗争所引发的情绪内耗正是人生痛苦的根源。

不健康的情绪就像一枚定时炸弹,如果不及时排除掉,便时时威胁着人们的身心健康。现代医学表明,不良的情绪状态是造成身体疾病的一个重要原因。如忧郁、紧张等都有可能使人体的心血管系统、呼吸系统、消化系统等发生一系列的病变,从而直接影响人的健康和寿命,而不良的情绪状态还是正常细胞向癌细胞转化的催化剂。有资料显示，在当今社会，引起各种疾病的原因中，有70%至80%与情绪因素有关。如果不能及时有效地处理，情绪问题还会导致伤害自己或伤害他人的悲剧出现，严重者甚至危害社会。

情绪自愈，即通过自身的心理调节减少或消除内心的冲突和自我消耗，是一种心理状态和行为的调整方式。它关注如何化解内心的冲突，提高心理资源的效率和个人的生活质量。情绪自愈通过提高自我接纳和减少自我挑剔来达到心理上的平和与稳定。这种状态要求个体能够果断、理性地处理问题，同时具备一定的钝感力，即对外界的评价和批评不过于敏感。本书就是一本清晰、有效、易操作的情绪脱困指南，从超越自卑、摆脱焦虑、放下后悔、战胜挫折、停止抱怨、戒掉拖延、消除倦怠、走出抑郁等方面教会读者如何关闭情绪内耗模式，化解内心的冲突，不再与自己较劲，同时通过有效的心理练习，找回自己内在的力量。

目录 Contents

第一章
超越自卑：肯定自己，把自卑变成自驱力

正确认识自己	002
别抓住自己的劣势不放	004
内心不要残留失败的伤疤	006
爱自己是一门学问	008
适当收起你的敏感	011
在克服自卑中超越自我	013
不要认为自己不可能	015
活出真实的自己	017

第二章
摆脱焦虑：不畏惧不逃避，和压力做朋友

现代人的"焦虑之源"	022
别透支明天的烦恼	023
学会让自己放轻松	026

删除多余的情绪性焦虑 027
说出自身的焦虑 029
戒掉烦恼的习惯 031
及时说出压力，清理情绪垃圾 033
社会精英，谁动了你的健康 034

第三章
放下后悔：纠结拧巴不如顺心而为

不要长期沉浸在懊悔的情绪中 038
别让不幸层层累积 039
学会从失败的深渊里走出来 041
别抓住自己的缺点不放 043
与其抱残守缺，不如断然放弃 045
让过去的事过去 046
心胸豁达，远离后悔情绪 047
放过自己，学会向前看 050
遗憾，也能成全完美 051

第四章
战胜挫折：做一个内核稳定的成年人

对自己说声"不要紧" 056
别让自己打败自己 058
有意识地训练坚强的意志 059

正视挫折，战胜自我 ·· 062

获得"逆境情商"的能量 ·· 064

对梦想锲而不舍 ·· 067

培养战胜挫折的意志 ·· 070

学会转移情绪 ·· 071

诱导积极情绪，对抗挫折 ·· 075

战胜挫折，激发进取心 ·· 077

第五章
停止抱怨：承认"不公平"是世界的一部分

消除抱怨，让心情更美好 ·· 080

为小事抱怨，你将一事无成 ·· 082

别为失败找借口 ·· 084

别让抱怨成为习惯 ·· 086

删除抱怨，拥抱快乐 ·· 088

远离抱怨，路会越走越宽 ·· 090

命运厚爱那些不抱怨的人 ·· 092

好心态创造好人生 ·· 094

第六章
戒掉拖延：成为可怕的自律人

拖延与颓废：能力在拖延中衰退 ···································· 098

拖延与焦虑是一对孪生兄弟 ·· 100

借口成为习惯，如毒液腐蚀人生 102

不要陷入"内卷化"效应 104

你是否有"决策恐惧症" 105

拖延是一种错误的生活 107

摆脱被动拖延的怪圈 110

珍视今天，勿让等待妨害人生 112

第七章
消除倦怠：唤醒内在原动力，重启人生

远离扰人的职业倦怠 116

生活的乐趣不仅是不停地奔跑 118

冲破"心理牢笼" 121

疲劳之前多休息 122

学会忙里偷闲，张弛有度 125

尝试简约生活，别活得太累 127

量力而为，才不会力不从心 129

迎接改变，告别厌倦 130

控制思维，调动你的快乐情绪 132

第八章
走出抑郁：抑郁不是终点，而是自我发现的起点

做自己最好的朋友 136

别让抑郁遮盖了五彩斑斓的生活 138

正视无法控制的事情 140
遭遇更年期女性的情绪危害 142
抑郁，是心灵的枷锁 144
忧郁情绪会给你制造假象 146
不要向自己行窃 148
抑郁不是天生的 151
了解抑郁症状，找对方法消除抑郁 153

第一章
超越自卑：肯定自己，把自卑变成自驱力

正确认识自己

"请尽快回答10次：我是谁？"一个看似简单却又难以回答的问题，让很多人陷入沉思："我是谁？我是一个什么样的人？我应该做一个怎样的人？""认识你自己"这句古希腊人刻在神庙上的名言，至今仍有警示意义。许多人正是由于对自己没有一个清醒的认识，所以他们更容易自卑。

美国成功学大师拿破仑·希尔认为，随着科学技术的日益发展，我们不断地了解着未知世界，可我们对自身的探索却始终滞足不前。正确地认识自己，才能认识整个世界，也才能接受世间的一切。我们经常企图通过别人的评价来认识自己，可是，无论别人的推心置腹显得多么明智、多么美好，从事物本身的性质来讲，自己应当是自己最好的知己。

如果我们仅仅依靠着别人的评价，来建造一个虚拟的自我，那么你的情绪会经常处于波动中。每个人眼中的你都是不同的，甚至你换一身衣服，他们就会对你有不同的评价，但是如果你的情绪随着不同的评价而忽高忽低的话，这样发展下去是非常危险的。

认清自己的真面目，首先要了解自己的长处和短处，并根据自己的特长来设计自己，量力而行，根据自己周围的环境、条件，自己的才能、素质、兴趣等，确定前进方向，你就会在某一方面有所成就。所以，每个人都应该正确认识自己的真面目，并坚信"天生我材必有用"。

有这样一则寓言故事：

早晨，一只山羊在栅栏外徘徊，想吃栅栏内的白菜，可是它觉得自己进不去。因为早晨太阳是斜照的，所以山羊看到自己的影子很长很长。"我如此高大，一定能吃到树上的果子，不吃这白菜又有什么关系呢？"它对自己说。

于是，它奔向远处的一片果园。还没到达果园，已是正午，太阳照在头上。这时，山羊的影子变成了很小的一团。"唉，我这么矮小，是吃不到树上的果子的，还是回去吃白菜吧。"它对自己说，片刻又十分自信地说，"凭我这身材，钻进栅栏是没有问题的。"

于是，它又往回奔跑。跑回栅栏外时，太阳已经偏西，它的影子重新变得很长很长。

此时山羊很惊讶："我为什么要回来呢？凭我这么高大的个子，吃树上的果子简直是太容易了！"山羊又返了回去，就这样，直到黑夜来临，山羊仍旧饿着肚子。

这则寓言故事看似可笑，却为我们揭示了一个深刻的道理：不能正确认识自我是很多人产生自卑情绪的原因。其实，正确认识自我最重要的一点，就是要认清自己的能力，知道自己适合做什么、不适合做什么，长处是什么、短处是什么，从而做到有自知之明，最后在社会中找到自己恰当的位置。

许多人谈论某位企业家、某位世界冠军、某位著名电影明星时，总是赞不绝口，可是一联系到自己，便一声长叹："我永远不能成才！"他们认为自己没有能力，不会有出人头地的机会，理由是：生来比别人笨，没有高级文凭，没有好的运气，缺乏可依赖的社会关系，没有资金，等等。其实，人生最大的难题莫过于：认识你自己！

那么，怎样才能真正认识自己呢？

1. 在比较中认识自我

想要了解自己，与别人相比较，是一种最简便、有效的途径。每当我们需要反躬自问"我在某方面的情况怎样"时，就会很自然地使用这种方法来判定自己的位置与形象。我们除了要不时和四周的人相比较，还会经常与某些理想的标准相比较。把他们作为比较的对象，以自己能否达到跟他们同样的标准作为成功或失败的衡量尺度。

2. 从交往态度中反馈自我

一个人总是需要跟别人交往、共处的。因而别人对你的态度，相当于一面镜子，可以观测到自身的一些情况。我们因为看不见自己的面貌，就得照镜子；同样，当我们无法准确地衡量自己的人格品质和行为时，就得利用别人对我们的态度和反应，来进行自我判断。一般说来，当对方与自己的关系愈密切时，他的态度也愈有影响力。

3. 用实际成果检验自我

除了根据别人对自己的态度，以及与别人相比较的结果之外，我们还可以凭借自身实际工作的成果来评定自己。由于这种方法有比较客观的事实作为依据，所以通常因此而建立的自我印象也是比较正确的。这里所指的工作是广义的，并不仅限于课业或生产性的行为。由于每个人所具有的才能互不相同，如果只是看他们在少数项目上的成就，往往不能全面地衡量一个人的才能，有些时候，一部分人的某些才能或许因得不到施展的机会而被淹没。

但是要记住，在认识自我的过程中，必须寻找一些信得过的证据，否则将所有人、所有事都作为自己的参照系，最后还是会得到一个不稳定的自我认识。一旦我们形成自我认识，就要自信一些，这样，自卑情绪才不会见缝插针影响我们的情绪。

别抓住自己的劣势不放

世上大部分人之所以不能走出情绪的困境，是因为他们对自己信心不足，他们就像一棵脆弱的小草，毫无信心去经历风雨，这就是一种可怕的自卑心理。

一旦产生自卑的心理，就会轻视自己，自己看不起自己。王璇就是这样，她本来是一个活泼开朗的女孩，竟然被自卑折磨得一塌糊涂。

王璇毕业于某著名语言大学，在一家大型的日本企业上班。大学期间的王璇是一个十分自信、从容的女孩。她的学习成绩在班级里名列前茅，她常常成为男孩追逐的焦点。然而，最近，王璇的大学同学惊讶地发现，王璇变了。原先活泼可爱、热情开朗的她，像换了一个人似的，不但变得羞羞答答，做事也变得畏首畏尾，而且说话也显得特别不自信，和大学时判若两人。每天上班前，她会为了穿衣打扮花上整整两个小时。为此她不惜早起，少睡两个小时。她之所以这么做，是怕自己打扮不好，遭到同事或上司的取笑。在工作中，她更是战战兢兢、小心翼翼。

原来，到日本公司后，王璇发现公司同事们的服饰及举止显得十分高端及严肃，让她觉得自己土气十足。于是她对自己的服装及饰物产生了深深的厌恶之情。第二天，她就跑到商场去了。可是，由于还没有发工资，她买不起那些名牌服装，只能悻悻地回来了。

在公司的第一个月，王璇是低着头度过的。她不敢抬头看别人穿的正宗的名牌西服、名牌裙子，因为一看，她就会觉得自己很寒酸。那些日本女人或比她先进入这家公司的中国女人大多穿戴着一流的品牌服饰，而自己呢，竟然还是一副穷学生样。每当这样比较时，她便感到无地自容，她觉得自己就是混入天鹅群的丑小鸭，心里充满了自卑。

服饰还是小事，令王璇更觉得抬不起头来的是她的同事们平时用的进口香水。她们所到之处，处处飘香，而王璇自己用的却是一种廉价的香水。

同事之间聊起天来全是生活上的琐碎小事，比如化妆品、首饰，等等。而关于这些，王璇几乎插不上话。这样，她在同事中间就显得十分孤立，也十分羞惭。

在工作中，王璇也觉得很不如意。由于刚踏入工作岗位，她的工作效率不是很高，不能及时完成上司交给的任务，有时难免受到批评，这让王璇更加拘束和不安，甚至开始怀疑自己的能力。

此外，王璇刚进公司的时候，她还要负责做清洁工作。看着同事们悠然自得地享用着她准备的茶水，她就觉得自己与清洁工无异，这更加深了她的自卑意识。

像王璇这样的自卑者，总是一味轻视自己，总感到自己这也不行，那也不行，什么也比不上别人。他们总是只看到别人的优点，以及自己的弱项，这种情绪一旦占据心头，结果会对什么都提不起精神，犹豫、忧郁、烦恼、焦虑便纷至沓来。

每一个事物、每一个人都有其优势，都有其存在的价值。但是具有自卑心理的人，总是过多地看重自己不利和消极的一面，而看不到自己有利、积极的一面，缺乏客观、全面地分析事物的能力和信心。这就要求我们应努力提高透过现象抓本质的能力，客观地分析对自己有利和不利的因素，尤其要看到自己的长处和潜力，而不是妄自嗟叹、妄自菲薄。

内心不要残留失败的伤疤

自卑的人，一遇到失败，就会全面否定自己，结果是对什么都不感兴趣，忧郁、烦恼、焦虑便纷至沓来。倘若遇到更大的困难或者挫折，更是长吁短叹，消沉绝望。失败本身已经是伤害，再因为失败而让自己情绪失衡，是一种非常不理智的做法。

一位父亲带着儿子去参观凡·高故居，在看过那张小木床及裂了口的皮鞋之后，儿子问父亲："凡·高不是位百万富翁吗？"父亲答："凡·高是位连妻子都没娶上的穷人。"

第二年，这位父亲带儿子去丹麦，在安徒生的故居前，儿子又困惑地问："爸爸，安徒生不是生活在皇宫里吗？"父亲答："安徒生是位鞋匠的儿子，他就生活在这栋阁楼里。"

这位父亲是一个水手，他每年往来于大西洋各个港口；儿子叫伊尔·布拉格，是美国历史上第一位获普利策奖的黑人记者。20年后，在回忆童年时，伊尔·布拉格说："那时我们家很穷，父母都靠卖苦力为生。有很长一段时间，我一直认为像我们这样地位卑微的人是不可能有什么出息的。好在父亲让我认识了凡·高和安徒生，这两个人告诉我，上帝没有轻看卑微。"

案例中，儿子在父亲的鼓励下，抛弃了因卑微而产生的情绪压力。确实，上帝是公平的，他把机会放到了每个人面前，任何人都有同样多的机会。

失败是人生不可避免的事情，每个人都可能会失败，所以千万不要责怪自己。总是觉得自己不如别人，甚至觉得自己很蠢笨，其实这些想法都是错误的。世界上没有笨蛋，只有沉睡的天才，或许你不擅长与人交流，但你有良好的写作能力；也许你现在不优秀，但是这并不代表你将来也不优秀。

自卑是人的自我意识的一种表现。自卑的人往往会不切实际地低估自己的能力，他们只看到自己的缺陷，而看不到自己的长处。

长期生活在自卑之中的人，情绪低沉，郁郁寡欢，常因害怕失败、别人看不起自己而不愿与人来往，只想与人疏远，缺少朋友，顾影自怜，甚至内疚、自责；自卑的人，缺乏自信，优柔寡断，毫无竞争意识，抓不住稍纵即逝的各种机会，享受不到成功的乐趣；自卑的人，常感疲惫，心灰意懒，注意力不集中，工作没有效率，缺少生活情趣。

如果一个人总是沉浸在自卑的阴影中，那无异于给自己套上了无形的枷锁。自卑，就像在心底扎下木桩，让自己的心灵沉重不堪，也阻碍了心灵与世界的沟通。但是如果你认清了自己并相信自己，拔掉心底的木桩，换个角度看待周围的世界和自己的困境，那么许多问题就会迎刃而解。

具有自卑心理的人，会因为失败而放大自身的缺点和不足，认为自己没有一个闪光点。事实上，这样的想法是极其荒谬的。这个世界上没有毫无优点的人：成绩不够好的人，也许歌唱得很好；不够聪明的人，也许心地善良；你也许数学不好，可是却能写出很好的文章；你相貌不出众，可你人缘很好……要知道，人人都经历过失败，每个人的内心深处都残留着过去失败所留下的伤疤。懂得了这一点，我们就不应该再把自己破裂的伤口看得那么严重；相反，我们应该正确认识自己，以客观的态度来看待自己的失败。

爱自己是一门学问

爱自己是一门艺术，需要用心培养。

日常生活中，经常能听到诸如"我不行"、"我做不好"、"我怎么总是比别人差"这些口头禅式的话语，这些人在生活中一定充满了悲观情绪。

自卑的人或许经常说些爱他人的话，但却没有勇气说些爱自己的话。过去的失败经验会使人产生自我否定的心理，人们开始自责自怨，逐渐学会轻视、亏待、奴役、委屈、束缚、作践及压抑自己。

那么，如何学会爱自己这门艺术？

首先，平常要养成爱自己的习惯，从过去不敢也不会爱自己中慢慢改变。因自卑就产生于不爱己而爱他的过程中。在这一过程中，自信、理想、信念、主见及创造的精神等，也会随之消失。

其次，不妨让自己换个心态。自卑的人经常对自己说"不"，但他们并不能从贬低自己、自我否定的过程中得到轻松、快乐，而是内心变得更灰暗。换个心态，或许就会出现转机。遇到类似下列的想法，试着换种心态去想：

内心想法	换个心态后
自己已经努力了，但学习总是不好	怎样努力才能提高学习效率
担心换份工作仍然会做不好	先换份工作试着去做，改变工作方法可能会有进步
为什么自身的努力总是达不到期望值	或许，跟之前相比，自己的每一次努力都有进步

再次，多给自己积极的心理暗示，剔除消极的心理暗示。生活中，暗示无时无处不存在。经常贬低、否定自己的人，可能就是到处向人说明自己真的比别人差。如，向别人说自己"不美"，或许就是在证明自己真的"不美"。因而，要学会赞美、鼓励自己，少说直至不说自己不行。

黄美廉，是一个从小就患了脑性麻痹的残疾者。脑性麻痹夺去了她肢体的平衡感，也夺走了她发声讲话的能力。从小她就活在诸多肢体不便及众多异样的眼光中，她的成长充满了血泪。然而这些外在的痛苦并没有击败她内心奋斗的激情，她昂首面对，迎向一切不可能，终于获得了加州大学艺术博士学位。她用她的手当画笔，用色彩告诉他人"寰宇之力与美"，并且灿烂地"活出生命的色彩"。

站在台上，她不时地挥舞着她的双手；仰着头，脖子伸得好长好长，与她尖尖的下巴扯成一条直线；她的嘴张着，眼睛眯成一条线，扭曲地看着台下的学生；偶尔她口中也会咿咿呀呀的，不知在说些什么。她基本上是一个不会说话的人，但是，她的听力很好，只要你猜中或说出她的意见，她就会乐得大叫一声，伸出右手，用两个指头指着你，或者拍着手，歪歪斜斜地向你走来，送给你一张用她的画制作的明信片。

"黄博士，"一个学生问她，"你从小就长成这个样子，请问你怎么看你自己？你都没有怨恨吗？"

"我怎么看自己？"美廉用粉笔在黑板上重重地写下这几个字，字很深很重。写完这个问题，她停下笔来，歪着头，回头看着发问的同学，然后嫣然一笑，回过头来，在黑板上龙飞凤舞地写了起来：

（1）我好可爱！

（2）我的腿很长很美！

（3）爸爸妈妈这么爱我！

（4）上帝这么爱我！

（5）我会画画！我会写稿！

（6）我有只可爱的猫！

（7）还有……

看到这些话，所有人都沉默了，面对众人的沉默，她在黑板上写下了她的结论："我只看我所有的，不看我所没有的。"

每个人身上都有优点，只是或多或少而已。但是，有多少人像黄美廉一样真正给过自己掌声？清楚自己所拥有的一切，而不是在盲目与人攀比的过程中迷失自己。

人们时常希望别人喜欢自己，但却唯独忽略自己的力量。实际上，自己才是自己最好的聆听者和激励者，只有自己是真正与自己形影不离的人。如果要求别人喜欢自己，那么自己就应当先爱自己，欣赏、聆听自己。很难相信，一个连自己都不会去爱的人会得到他人的爱。

适当收起你的敏感

敏感，在心理学上又称感知敏锐。适度敏感是正常的，尤其是正处于自我意识蓬勃发展阶段的人，对外界的刺激更加敏感，这是非常普遍的性格特征。但是，有些人却会因过度敏感而产生自卑情绪。

过度敏感的人的感情比较脆弱，别人不经意的一个动作或者一句话，往往就会引起他们的过分恐慌与不安。过度敏感的人都有一种自贬自责的倾向，一个小小的挫折都会引起内心的躁动，随即开始怀疑自己的能力，进而变得自卑。于是，认为所有外界的批评都是有道理的、应该的，一切都是自己的错，换一句话就是：自己没有一个优点，太过平庸，很愚蠢，等等。

这天，乔治敲开了布鲁克教授的门。原来，乔治在为自己的敏感而苦恼。

乔治告诉教授，念初中时，他就是一个性格内向、沉默寡言的人，不喜欢与别人沟通。这种变化持续到后来，乔治发现自己越来越敏感，很在乎别人的评价，对别人的每一句话他都会进行揣摩。前段时间，乔治所在的班级进行了班委选举，乔治落选了，这让他痛苦万分。接下来的几天他心情都很抑郁，只要一看到同学聚在一起，就觉得他们是在议论自己。有同学微笑着对他说："加油哦，大明星，下回你一定能选上！"这寻常的鼓励，在乔治听来，竟有讽刺挖苦的味道。

引起乔治敏感困惑的原因是什么？心理学家指出，引发人们这种过度敏感的原因在于：一些人生性脆弱，疑虑心重，经受不住打击，往往细小的刺激就会引起紧张的情绪；在早期体验上，这些人可能受到父母的过度压抑，没有学会积极的心理保护意识和方法；同时，在个性特点上，他们还没有养成宽容的气度，喜欢斤斤计较、钻牛角尖等。

人是有感情的动物，有时会因别人的言语受到伤害。但是，是否被伤害最终取决于自己，如果自己总是控制不住冲动，容易感觉受到伤害，那很可能就是过度敏感。

心理过于敏感，会导致人们变得自卑，并且承受能力差，微小的刺激（一句平常的话，一个平常的小动作，一个平常的眼神）就能引起内心严重的不安，会过得十分痛苦，终日生活在"防御"状态之下。要及时克服过度的敏感，不妨从以下几个方面着手：

1. 要勇敢迎接别人的眼光

在生活中，很多人习惯以别人的评价为转移，这种人长期跟着别人转，久而久之就会养成过分敏感的性格。因此，要避免这种"过敏心理"。如果别人以异样的眼光盯着你时，你不必局促不安，也不必神情窘迫，唯一的办法是——用你的眼波接住对方的眼波，久而久之，你就会发现自己就是自己，可以自如地生活在千万双眼睛织成的人生网格里。

2. 要正确地认识自己，不断地充实自己

要知道，我们每个人都是不可替代的，但也没有一个人能事事出人头地。因此，我们要有从大处着想的胸怀，敢于公开自己的优缺点，而不要尽力去遮掩，要有"走自己的路，让别人说去吧"的勇气。有优点敢于适时发扬，有缺点敢于改正，不断往好的方向发展，不断充实自己。

3. 多参加集体娱乐活动或读读自己感兴趣的书籍

当有"敏感"干扰时，可以用松弛身心的办法来对付。要学会自我暗示，转移注意力，如转移话题、有意避开现场等。坚持进行体育锻炼，也有助于防止"心理过敏"。

生活中，敏感的人经常为小事苦恼，遇到小事容易反复去想。对于一些小事，别太过分敏感，当你调低自己的敏感值之后，自卑的情绪也就远离你了。

在克服自卑中超越自我

文明的智慧告诉人们，自卑是成功的大敌，一个人要想获得成功，自信心是必需的。一个人的情绪如果总是被别人的评价左右，当别人批评他时就感到自卑，势必会影响到他的正常生活，其实这是没有必要的。

自卑情绪是失败的俘虏。生活在现代社会中的人，要多树立一点自信，多挖掘自己的优点和长处。你之所以会感到"巨人"高不可攀，是因为你跪着。勇敢地站起来，你就会惊异地发现，自己其实也很高大，也能独当一面，而且闪光点并不比别人少。

自卑感在每个人身上或多或少都存在，但我们不应被自卑吓倒，而应克服自卑，把它变成我们自身的一种良好品质：即使我们真的有缺陷也没必要自卑，发现问题并解决问题，这样我们的缺点会转化成进步的动力。只有这样，你才会活得开心、活得坦然，你的人生才会充满希望。

有一对母女，母亲长得很漂亮，女儿却很丑。不是因为她的五官不精致，而是搭配有点偏离正常比例。为此，女儿十分自卑，常常怨天尤人。母亲当然了解女儿的心事，为了帮助她摆脱心理困境，她把女儿带到照相馆去照相。

母亲对照相师的要求很奇怪，她不让照相师拍她女儿的整张脸，而是逐一对眼睛、鼻子、耳朵等五官单独拍特写。帮女儿拍完照后，她又拿出美国著名女星玛丽莲·梦露的头像，让照相师翻拍，并把五官一一割开。

照片一冲出来，母亲就把女儿的五官照片和著名女星玛丽莲·梦露的五官照片一一对照，贴到女儿卧室的墙上。每当女儿自卑的时候，母亲就让女儿看看那些被分割的照片，说："和世界上最著名的美女比较一下，你哪个地方会比她差？"还未成年的女儿迷惑地看了看母亲，将信将疑。后来，她把自己的这些照片指给那些闺中密友看。密友在不知情的情况下，有的说照片上的眼睛比那个外国明星的眼睛迷人，有的说照片上的嘴巴更性感。渐渐地，她相信了母亲的话，觉得自己长得一点都不丑，自信也随之而来。

母亲唤回了女儿的自信，把她从自卑的深渊中拉了回来。自认为相貌丑陋仅仅是自卑的一个内容，如果一个人否定自己，那么任何一件事都可能成为他自卑的导火索。

自卑就是对自身的一种否定性评价，感觉自卑的真正原因往往并不仅仅是因为别人的闲言碎语，更多的是由于自己一颗敏感而脆弱的心。如果由于别人一次无心的评价，就使得自己内心感到自卑，是得不偿失的。自卑并不会为你的生活带来哪怕一点点的好处，相反它会让你却步，让你不敢勇于追求自己想要的生活。

无论是积极的评价还是消极的评价，都应该用一种积极向上的心态去面对。当发现了自己的不足时，努力通过实际行动去改进，而不是自怨自艾；当取得了一些成就时，应该及时进行总结，进行正确评估，而不是骄傲自满。只有这样，才能用乐观的心态正确对待生活，从而使自卑遁于无形。

自卑并不是不能克服，只要你通过实际行动努力生活，为自己设立一个个目标并积极实践，那么无论成功还是失败，你都是生活的王者，因为你曾努力过，没有遗憾。其实生活中处处有成功，只是缺少发现成功的眼睛。即使一件很小的事，当你成功地完成它之后，也会有一些收获和心得。但是由于自卑，也许你会有选择性地忽略掉这种"成功"，而艳羡着别人所谓的"成就"，其实成功就在你的身上，只要你努力去行动，用心去感受，你会发现自己具备许多人所没有的素质和条件。

这世界上本来就没有生来就失败的人，每个人都有其自身的特点。因此，用积极的态度对待生活至关重要。同时，在面对生活时，看淡别人的看法与评价，努力把对生活的追求付诸实践，保持着对自己客观清醒的认识，那么，自卑自然会越走越远。

不要认为自己不可能

我们的能量来自自然的赐予，而自然对于我们来说，仍是一个未知数。无法认识自然，也就无法知道我们自己的潜能。简而言之，"自己不可能知道自己的能力"，这才是真理。

人的一生中所有事情只有亲自经历才能下结论，既然如此，任何事情都"非做做看不可，否则不能说不能"。除了"做"之外，别无其他方法，如果做都没做，就提出能或不能的概念，这就是一个人精神虚弱的表现。

很多人都拿自己的经验来做论证："这件事我做不了。"但经验并不是真理，有时还具有欺骗性。人必须遭遇未知的体验，才能发掘其潜能，所以生存的真正喜悦在于经常能够发现自己未曾自知的新力量，并惊讶地说出"原来我竟具有这种力量"。

美国作家杰克·伦敦的著作《热爱生命》中有一段关于人与狼搏斗的精彩片段："那只狼始终跟在他后面，不断地咳嗽和哮喘。他的膝盖已经和他的脚一样鲜血淋漓，尽管他撕下了身上的衬衫来垫膝盖，他背后的苔藓和岩石上仍然留下了一路血渍。有一次，他回头看见病狼正饿得发慌地舔着他的血渍，他不由得清清楚楚地看到了自己可能遭到的结局，除非他干掉这只狼。于是，一幕从来没有演出过的残酷的求生悲剧开始了：病人一路爬着，病狼一路跛行着，两个生命就这样在荒原里拖着垂死的躯壳，相互猎取着对方的生命……靠着顽强的求生欲望，他最终用牙齿咬死了狼，喝了狼血，活了下来。"

有人说，人们在通常情况下只发挥出了他个人能力的1/10，而在受到了重大的挫折和刺激之后，才能将大部分或者全部隐藏的能力爆发出来。所以，在我们的生活中，我们常常看到一些过去碌碌无为的人，在经历了一些生活的苦痛和精神上的折磨之后，会突然爆发出很大的潜能，做出很多让人意想不到的事情来，可见，人并不是"不可能"，而是没有发现自己的能力而已。

　　自信所产生的力量是强大的。如果你充满了自信，就不会总说"我不能"，你身上的所有力量就会紧密团结起来，帮助你实现理想，因为精力总是跟随你确定的理想走。一定要对自己有自信，一定要相信"天生我材必有用"。如果你坚持不懈地努力达到最高要求，那么，由此而产生的动力就会帮助你摘去"我不能"的精神虚弱者的面具。

　　关于信心的威力，并没有什么神秘可言。信心在一个人成就事业的过程中是这样起作用的：相信"我确实能做到"时，便产生了能力、技巧与精力这些必备条件，即每当你相信"我能做到"时，自然就会想出"如何去做"的方法。

　　一位撑竿跳选手，一直苦于无法超越一个高度。他失望地对教练说："我实在是跳不过去。"教练问："你心里在想什么？"他说："我一冲到起跳线时，看到那个高度，就觉得我跳不过去。"教练告诉他："你一定可以跳过去。把你的心从竿上撑过去，你的身子就一定会跟着过去。"他撑起竿又跳了一次，果然一跃而过。

　　我们每个人都是一个撑竿跳选手，而我们一次次跳过的是"我不能"的精神障碍。相信自己有能力做好身边的每一件事，只有树立这样的信心，才可以走出消极心理的圈子，走上成功之路。

　　当自己不再相信自己，将自己的勇气和信心都锁进心门里的时候，我们就永远不能实现自己的梦想了。所以，想要人生按照自己设定的方向行走，想要生命中所有的潜能都爆发出来，就要敢于突破心中的枷锁、突破自我。

在这个世界上没有什么不可能，只要我们敢想、敢去闯，只要我们有智慧、有毅力，有让人敬重的品质，那些令人望而生畏的"不可能"也会被我们彻底征服。

在这个世界上，没有什么是不可能做到的。世界上有很多事，只要你去做，你就能成功。首先，你要在思想上突破"不可能"这个禁锢，然后从行动上开始向"不可能"挑战，这样你才能够将"不可能"变成"可能"。

诗人爱默生说："相信自己能，便会攻无不克……不能每天超越一个恐惧，便从未学会生命的第一课。"

很多人的"我不能"并非客观上的原因，而是因为自卑而贬低了自己的能力，才使得自己变得无精打采、毫无斗志。这些人夸大了自己身上的缺点。

如果你认为自己满身是缺点；如果你认为自己是一个笨拙的人，是一个不幸的人；如果你承认自己绝不能取得其他人所能取得的成就，那么，你只会因为自卑而失败。通常，一个人做事情最大的敌人就是自卑。

成功的字典里没有"我不能"，经常告诉自己"我能"，就会在心里形成一种积极的暗示，很多看似超越自身能力所及的事情也可以迎刃而解。

活出真实的自己

世界并不完美，人生当有不足，没有遗憾的过去无法链接人生。对于每个人来讲，不完美是客观存在的，无须怨天尤人。智者再优秀也有缺点，愚者再愚蠢也有优点。对人对己多做正面评估，不以放大镜去看缺点，活出真实的自己。

人活在世上，最重要的目的就是获得幸福，幸福是一种很简单的东西。它是一种源自内心深处的平和与协调，一个人幸福与否，过得好与不好，最终都得回归自我，都得听从心灵的声音。只要你觉得自己是幸福的，你就是幸福的；反之，如果自己感觉不幸福，无论在别人的眼里如何风光，你的心里仍然只会充满寂寞和怅惘。无论幸福与否都要活出真实的自己，无须在意别人的看法，回归本色自我。

有一个男人，他一辈子独身，因为他在寻找一个完美的女人。当他70岁的时候，有人问他："你一直在到处旅行，从喀布尔到加德满都，从加德满都到果阿，从果阿到普那，你始终在寻找，难道没能找到一个完美的女人？甚至连一个也没遇到？"那老人变得非常悲伤，他说："是的，有一次我碰到了一个完美的女人。"那个发问者说："那么发生了什么？为什么你们不结婚呢？"他变得非常伤心，他说："怎么办呢？她正在寻找一个完美的男人。"最终他还是孤独终老。

故事的主人公认为只有找到完美的人才会幸福，人生才会完美。可这个世界上根本没有完美的人，只有真实的人。缺点就是真实的写照。人们以为只要当他们找到一个完美的男人或一个完美的女人，他们才会爱。那么，你将永远找不到他们。请记住这样一个忠告：世界上根本就不存在任何一个完美的事物，活出真实的自己才最重要。

爱丽从小就特别敏感而腼腆，她的身体一直太胖，而她的一张脸使她看起来比实际还胖得多。爱丽有一个很古板的母亲，她认为穿漂亮衣服是一件很愚蠢的事情。她总是对爱丽说："宽衣好穿，窄衣易破。"而母亲一直按照这句话来帮爱丽穿衣服。所以，爱丽从来不和其他的孩子一起做室外活动，甚至不上体育课。她非常害羞，觉得自己和其他的人都"不一样"，完全不讨人喜欢。

长大之后，爱丽嫁给一个比她大好几岁的男人，可是她并没有改变。

她丈夫一家人都很好，每个人都充满了自信。爱丽尽最大的努力要变得像他们一样，可是她做不到。他们为了使爱丽开朗而做的每一件事情，都只能令她退缩到她的壳里去。

爱丽觉得自己是一个失败者，又怕她的丈夫会发现这一点，所以每次他们出现在公共场合的时候，她都会刻意去模仿某个人看似优雅的服饰、动作或表情，她假装很开心，结果常常显得她很做作。事后，爱丽会为这个难过好几天。

爱丽很困惑，不知道怎么办才好，这天，她来到公园，她再也忍不住放声大哭起来，这时来了一个老婆婆，爱丽把她的遭遇告诉了老婆婆，老婆婆对她说："其实你也没有必要这么痛苦，每个人的身上都有优点，这是其他人无法替代的，不管遇到什么样的事情，我们都要保持本色，这样才会快乐。"

"保持本色！"就是这句话使得爱丽在一刹那间发现，自己之所以那么苦恼，就是因为她一直在试着让自己适合于一个并不适合自己的模式。

几年后，爱丽像换了一个人似的，她有很多的朋友，自己也变得很有气质，家庭生活也随之幸福。

爱丽之所以痛苦，是因为她把真实的自己隐藏起来了，她认为那是糟糕的自己，所以她学习别人的优点，但到头来还是一样痛苦。可一旦她走出了这个怪圈，找到了真实的自己，本色地去生活，幸福就降临到了她的身上。

作为社会中的一员，角色的扮演是我们生活中必须要做的事。许多人面临角色选择的时候往往会显得无所适从，他们像文中的爱丽一样，一味地模仿别人，结果只能以失去自我为代价。在纷繁复杂的现代生活中，摆脱内心的纷扰，活出真实的自己不是一件容易的事。

每个人都有自己的角色和人生，只有当他演好自己的角色时，他才会拥有一个快乐的人生。如果你想让自己拥有快乐、幸福的人生，就要找到自己的角色，而不要去模仿别人，活出真实的自己。

成功学大师卡耐基先生在他的著作《人性的优点》中讲道："你在这个世界上是个新东西，应该为这一点而庆幸，应该尽量利用大自然所赋予你的一切。归根结底说起来，所有的艺术都带着一些自传性：你只能唱你自己的歌，你只能画你自己的画，你只能做一个由你的经验、你的环境和你的家庭所造成的你。不论好坏，你都得自己创造一个自己的小花园；不论好坏，你都得在生命的交响乐中，演奏你自己的小乐器。"

随波逐流，按照别人的标准行事，过分在意别人的看法和评价，只会损伤你的自尊，属于你的自我形象、那么，独特个性将一片模糊。杰出人士之所以能让自己从芸芸众生中脱颖而出，一个重要的原因就是——他们保持着自己独一无二的个性。

万事万物都有其特别的灵气，不同的人有不同的特质，每个人都是独一无二的，每个人都有属于自己的精彩。我们只需做真实的自己，活出自我本色，就是对生命的最大尊重。

第二章
摆脱焦虑：不畏惧不逃避，和压力做朋友

现代人的"焦虑之源"

在现代社会，生活节奏越来越快，各种压力纷至沓来：来自考试升学的压力，来自就业的压力，来自职场中的压力，来自恋人的压力，来自父母的压力，来自子女的压力，来自房子、车子与更高级的毕业证书的压力，来自疾病的压力……面对众多的压力，很多人难以控制自己的情绪，结果不仅在众人面前情绪崩溃，言行不受控制，还给周围的人带来恶劣的影响。

快节奏的生活给现代人的情绪带来了恶劣的影响，你肯定也有过这样的体会：莫名其妙地发脾气、内心烦躁，看什么都不舒服；出门在外的时候，看旁边两个人有说有笑就生气；别人不小心踩了你的脚，你就像找到发泄的机会一样，跟人大吵一架。其实，这些负面情绪都是压力带给你的，当压力越来越大，你的情绪就越来越差。然而，这还不是最可怕的，一旦压力超过了你的心理承受极限，大脑神经系统功能就会紊乱，出现烦躁、失眠、头痛、焦虑、心慌、胃部不适等精神症状和躯体症状，进而引发身体疾病。

陈先生是一家企业的销售主管，每年的销售任务都很重，同行业竞争又特别激烈。他说自己都快成"空中飞人"了，一个城市接一个城市地出差，没有节假日，有时候午饭都没时间坐下来吃，常常是边走边吃边思考。最近他经常感到胸闷，刚开始没有太在意，后来，情况更加严重，出现气短、心跳加快、出虚汗等现象，到医院检查才知道患了冠心病。

生活中，像陈先生这样的人还有很多。由于工作节奏不断加快，人们身不由己地过着超速的日子，许多人在不知不觉中损害了自己的身心健康。

人们不得不时时刻刻想着自己的工作，累了、倦了、病了也要坚持，因为他们害怕一旦慢下来、停下来就会被别人超越，那么以前的努力就付诸东流了。在这种思想的控制下，人的精神处于越来越紧张的状态。受压抑的感情冲突未能得到宣泄时，就会在肉体上出现疲劳症状，甚至引起心理的扭曲变态，导致心理疲劳。在此种情况下，一旦发生心理疲乏，势必造成精神上的崩溃。

长期从事快节奏工作的人身体会出现各种不适，例如，烦躁不安、精神倦怠、失眠多梦等神经症状，以及心悸、胸闷、筋骨酸痛、四肢乏力、腰酸腿痛和性功能障碍等其他症状，甚至可能引发高血压、冠心病、癌症等疾病。可以说，快节奏工作的人永远在寻找"奶酪"，但永远无法有充足的时间享受"奶酪"。

快节奏的生活，只会搞得自己身心疲惫，在忙乱劳碌中，日子一晃而过，没有机会和心情享受生活的乐趣，无法体味生活的和谐、宁静与幸福。

有人认为，发达国家生活节奏一定很快，其实不然。意大利有一个有名的"慢城市"布拉，那里的人们善于综合现代和传统生活中那些有利于提高生活质量的因素，生活得十分悠闲快乐而不懒散。

放慢生活的脚步，不要再做速度和效率的崇拜者和践行者。让自己不要那么忙，慢一点，去做那些自己想做却一直没有时间去做的事情，让自己在繁忙的都市里找到一片宁静的地方放松身心，休息过后，在快速与缓慢之间找到一种平衡，找回自己本身的节奏，让自己过上真正的生活。

别透支明天的烦恼

"过去与未来并不是'存在'的东西，而是'存在过'和'可能存在'的东西。唯一'存在'的是现在。"古希腊的哲人曾如是说。过去的生活已经过去,要学会接受。明天还未到来,与其让明天的烦恼折磨我们,为此焦虑不安,不如用心地活出当下每一天的精彩。

当生命走向尽头的时候,你问自己一个问题:你对这一生觉得了无遗憾吗?你认为想做的事你都做了吗?你有没有发自内心地笑过、真正快乐过?

想想看,你这一生是怎么度过的:年轻的时候,你拼了命想挤进一流的大学;随后,你希望赶快毕业找一份好工作;接着,你迫不及待地结婚、生小孩;然后,你又整天盼望小孩快点长大,好减轻你的负担;后来,小孩长大了,你又恨不得赶快退休;最后,你真的退休了,不过,你也老得几乎连路都走不动了……这一辈子都在为明天的事情而焦虑着,身心得不到放松和自由,但是,在这种情绪的反复折磨下,未来的生活真的有所改善吗?

答案是没有,因为我们没有把时间放在解决问题上,而是不停地追赶生活,就像一列远行的火车,开车的是我们的焦虑情绪,而不是我们真实的心。

有个小和尚,每天早上负责清扫寺院里的落叶。

清晨起床扫落叶实在是一件苦差事,尤其在秋冬之际,每一次起风时,树叶总随风飞舞。每天早上都需要花费许多时间才能清扫完树叶,这让小和尚头痛不已,他一直想要找个好办法让自己轻松些。

后来有个和尚跟他说:"你在明天打扫之前先用力摇树,把落叶统统摇下来,后天就可以不用扫落叶了。"小和尚觉得这是个好办法,于是隔天他起了个大早,使劲猛摇树,这样他就可以把今天跟明天的落叶一次扫干净了。一整天小和尚都非常开心。

第二天,小和尚到院子里一看,不禁呆住了,院子里如往日一样满地落叶。老和尚走了过来,对小和尚说:"傻孩子,无论你今天怎么用力摇树,明天的落叶还是会飘下来。"小和尚终于明白了，世上有很多事是无法提前面对的，唯有认真地活在当下，才是最真实的人生态度。

生活中，人们往往也有类似小和尚的想法，企图将人生的烦恼提前解决，以便将来过得更好、更自在。实际上，人生中很多事情只能循序渐进。过早地为将来担忧，反而会让自己眼下活得束手缚脚。因而，智者常劝世人"活在当下"。

所谓"当下"，指的就是现在正在做的事、待的地方、周围一起工作和生活的人。"活在当下"，就是要你把关注的焦点集中在这些人、事、物上面，全心全意认真去接纳、品尝、投入和体验这一切。

实际上，大多数人都无法专注于"现在"，他们总是若有所思，心不在焉，想着明天、明年，甚至想着下半辈子的事。假若你时时刻刻都将精力耗费在未知的未来，却对眼前的一切视若无睹，你永远也不会得到快乐。刻意去找快乐，往往找不到，让自己活在"现在"，全神贯注于周围的事物，快乐便会不请自来。或许人生的意义，不过是嗅嗅身旁每一朵绚丽的花，享受一路走来的点点滴滴的快乐而已。毕竟，昨日已成历史，明日尚不可知，只有"现在"才是上天赐予我们最好的礼物。

许多人喜欢预支明天的烦恼，想要早一步解决掉它们。其实，明天的烦恼，今天是无法解决的，焦虑也无济于事，每一天都有每一天的人生功课要交，先努力做好今天的功课再说。"怀着忧愁上床就等于背着包袱睡觉"，哈里伯顿曾这样说。不为无法确知的烦恼忧愁，卸掉烦恼的包袱，用平常的心对待每一天，用感恩的心对待当下的生活，才能理解生活和快乐的真正含义。

学会让自己放轻松

200年前,欧洲有一首民谣:"我们背井离乡,为的是那小小的财富。"而现在,西方流行的观念是"过普通人的生活"。的确,拼命地工作挣钱,却没有时间和精力来享受安闲、舒适的生活,确是一件悲哀的事情。

在竞争越来越激烈、生活节奏越来越快、压力越来越大的现代社会中,要想生活得轻松自在一些,应该放松生命的弦,减轻自己的压力,清除自身的焦虑情绪,让金钱、地位、成就等追求让位于"普通人的生活"。

弗兰克是位生意人,赚了几百万美元,而且也存了相当多的钱。他在事业上虽然十分成功,但却一直未学会如何放松自己。他是位神经紧张、焦虑的生意人,并且把他职业上的紧张气氛从办公室带回了家里。

弗兰克下班回到家里在餐桌前坐下来,但心情十分烦躁不安,他心不在焉地敲敲桌面,差点被椅子绊倒。

这时候弗兰克的妻子走了进来,在餐桌前坐下。他打声招呼,便用手敲桌面,直到一名仆人把晚餐端上来为止。他很快地把东西吞下,他的两只手就像操作铲子,不断把眼前的晚餐一一铲进嘴中。

吃完晚餐后,弗兰克立刻起身走进起居室。起居室装饰得十分美丽,有一张长而漂亮的沙发,华丽的真皮椅子,地板上铺着高级地毯,墙上挂着名画。他把自己投进一张椅子中,几乎在同一时刻拿起一份报纸。他匆忙地翻了几页,急急瞄了一眼大字标题,然后,把报纸丢到地上,拿起一根雪茄,引燃后吸了两口,便把它放到烟灰缸里。

弗兰克不知道自己该怎么办。他突然跳了起来,走到电视机前,打开电视机。等到影像出现时,又很不耐烦地把它关掉。他大步走到客厅的衣架前,抓起他的帽子和外衣,走到屋外散步去了。

弗兰克这样子已有好几百次了,他没有经济上的困扰,他的家是室内装潢师的梦想,他拥有两部汽车,事事都有仆人服侍他——但他就是无法放松心情。不仅如此,他甚至忘掉了自己是谁。他为了争取成功与地位,已经付出他的全部时间,然而可悲的是,在赚钱的过程中,他却迷失了自己。

从故事中可以看出,弗兰克先生所有的症结就在于他的焦虑情绪,他繁乱的生活是因为他没有掌握放松自己的秘诀。

富兰克林·费尔德说过:"成功与失败的分水岭可以用这么五个字来表达——我没有时间。"当你面对着沉重的工作任务感到精神与心情特别紧张和压抑的时候,不妨抽一点时间出去散心、休息,直至感到心情轻松后,再回到工作上来,这时你会发现自己的工作效率特别高。

只要你能在这个繁忙的世界中做到松弛神经,过得轻松愉快,你就是一个幸运者——你将会幸福无比。学会放松,就会让你拥有一个无悔的人生。

删除多余的情绪性焦虑

年轻人大多都有过这样的经历,在学校的时候总是担心自己毕业后找不到工作,每天焦虑重重;找到工作后又害怕自己在激烈的竞争中被淘汰,天天提心吊胆;有的人还害怕自己没有能力迎接突如其来的挫折,等等。

适当的焦虑可以促使人奋发向上,激发向上的原动力。但是,过度焦虑并不可取,它只会让人成天忧心忡忡,久而久之成为习惯,会影响你的心情,影响你获取成功。

凡事能够退一步想,不要那么耿耿于怀,焦虑就会减轻。只有删除多余的焦虑,我们的生活才能更加舒畅。比如说今天上班迟到了,也可以这样安慰自己:说不定上班的人今天都起早了,一路过去都畅通无阻。万一塞车了,老板可能也会没到。

凯瑟女士的脾气很坏，很急躁，总是生活在紧张的情绪之中：每个礼拜，她要从在圣马特奥的家乘公共汽车到旧金山去买东西。可是在买东西的时候，她也特别担心——也许自己的丈夫又把电熨斗放在熨衣板上了；也许房子烧起来了；也许她的女用人跑了，丢下了孩子们；也许孩子们骑着他们的自行车出去，被汽车撞了。她买东西的时候，常会因担心而冷汗直冒，然后冲出商店，搭上公共汽车回家，看看是不是一切都很好。后来，她的丈夫也因受不了她的急躁脾气而与她离了婚，但她仍然每天感到很紧张。

凯瑟的第二任丈夫杰克是个律师——一个很平静、事事能够加以冷静分析的人，很少为什么事情而焦虑。

杰克充分利用概率法则来引导凯瑟消除紧张、焦虑。每次凯瑟神情紧张或焦虑的时候，他就会对她说："不要慌，让我们好好地想一想……你真正担心的到底是什么呢？让我们看一看事情发生的概率，看看这种事情是不是有可能会发生。"

有一次，他们去一个农场度假，途中经过一条土路，碰到了一场很可怕的暴风雨。汽车一直往下滑，没办法控制，凯瑟紧张地想，他们一定会滑到路边的沟里去，可是杰克一直不停地对凯瑟说："我现在开得很慢，不会出什么事的。即使汽车滑进了沟里，根据概率，我们也不会受伤。"他的镇定使凯瑟慢慢平静下来。

不要无谓地焦虑，要适时地安慰和劝导自己。像杰克那样根据概率分析事情发生的可能性。如果根据概率推算出事情不太可能发生，这样通常能消除你90%的焦虑。

焦虑会使你的心情紧张，总是担心和惦记某些事情并不能有助于你解决问题。坐飞机时即便你心里想一千遍会不会遇到飞鸟撞机事件，或者飞机坠毁等意外，在到达目的地前，你也只能老老实实待在机舱里。

焦虑就像不停往下滴的水,而那不停地往下滴的焦虑,通常会使人心神不宁,进而精神失控。焦虑也像一把摇椅,你在上面一直不停摇晃,却无法前进一步。

生活中情绪性的焦虑是多余的。生活中不如意之事很多,要善于把握自我,控制好自己的情绪,找出让自己高兴的方式和途径,远离焦虑,迎接阳光灿烂的每一天。

说出自身的焦虑

焦虑,是人在面临不利环境和条件时所产生的一种情绪抑制。它是一种沉重的精神压力,使人精神沮丧,身心疲惫。有的时候是我们把问题想得过于糟糕,本来一件很简单的事,我们却要思虑很久,设想各种结果,随着自己各种各样的怀疑、猜忌、担心,焦虑的情绪就难以避免了。其实人生真的没有那么多的事需要焦虑,只是我们放大了去看而已。

焦虑是一种过度忧愁和伤感的情绪体验。每个人都会有焦虑的时候,但如果是毫无原因的焦虑,或虽有原因,却不能自控,每天心事重重、愁眉苦脸,就属于心理性焦虑了。

过度焦虑可能会使人的容颜快速衰老,甚至对健康产生很大威胁。所以说,过度焦虑不可取。凡事退一步想,不要耿耿于怀,焦虑就会减少。

总之焦虑是有百害而无一利的,那么我们需要做的就是大声地说出自己的焦虑,让焦虑的阴霾远离我们。

把心事说出来,这是波士顿医院所安排的治疗课程中最主要的方法。下面是我们在那个课程里所得到的一些概念,其实我们在家里就可以做到。

1. 准备一本"供给灵感"的剪贴簿

你可以在剪贴簿上贴上自己喜欢的能够给人带来鼓舞的诗篇,或是名人名言。今后，如果你感到精神颓丧，也许在这个本子里就可以找到治疗方法。在波士顿医院的很多病人都把这种剪贴簿保存了好多年，他们说这等于是替你在精神上"打了一针"。

2. 要对你的邻居感兴趣

对那些和你在同一片区域共同生活的人保持兴趣，这样就没有孤独感了，你对邻居感兴趣，那么你会很快与他们成为朋友，随之而来的就是邻居的热情与关爱，最后，焦虑会不自觉地远离你。

3. 上床之前，先安排好明天工作的程序

很多家庭主妇都为忙不完的家事感到疲劳。她们好像永远做不完自己的工作，老是被时间赶来赶去。为了治好这种焦虑，波士顿医院的医生们建议各个家庭主妇，在头一天就把第二天的工作安排好，结果呢？她们能完成很多的工作，却不会感到疲劳。同时还因为自己取得的成绩而感到非常骄傲，甚至还有时间休息和打扮。

4. 避免紧张和疲劳的唯一途径就是放松

再没有比紧张和疲劳更容易使你苍老的事了，也不会有别的事物对你的外表更有害了。如果你要消除焦虑，就必须放松。

当一些问题的确是超出了我们的能力所能解决的范围时，我们就需要乐观一些，就像杨柳承受风雨一样，我们也要承受无可避免的事实。哲学家威廉·詹姆士说："要乐于承认事情就是这样的情况。能够接受发生的事实，就是能克服随之而来的任何不幸的第一步。"

每个人都希望自己的生活过得一帆风顺，轻轻松松，简简单单，然而生活中却充满多种焦虑。例如，追求的失败，奋斗的挫折，情感的伤害，等等，都让我们的心灵背上了沉重的负荷。面对这样的焦虑，我们要适当地说出来，要想获得平和的心，最重要的方法就是注意为自己的心灵留出适当的空白，使自己的内心保持一定的余裕。

事实上，刻意地使心灵空白的确能有效地为人们带来心安的感受。在这个过程中你可以将头脑中焦虑、不安、沉重、憎恶等不良情绪"清空"，取而代之的是愉悦、安定、轻松、满足的心境。

总之，我们不要把焦虑隐藏在心中，要大声地说出来。许多人感到焦虑与不安时，总是深藏在心里，不肯坦白说出来。其实，这种办法是很不可取的。内心有焦虑烦恼，应该尽量坦白讲出来，这不但可以给自己从心理上找一条出路，而且有助于恢复理智，把不必要的焦虑除去，同时找出消除焦虑、抵抗恐惧的方法。

生活中不如意之事很多，只要你善于把握自我，控制好自己的情绪，说出焦虑，远离焦虑，自然就可以迎接阳光灿烂的每一天。

戒掉烦恼的习惯

我们许多人一生都背负着两个包袱，一个包袱装的是"昨天的烦恼"，一个包袱装的是"明天的焦虑"。人只要活着就永远有昨天和明天。所以，人只要活着就永远背着这两个包袱。不管多沉多累，依然故我。

其实，你完全可以选择戒掉这种烦恼的习惯，完全可以去掉这两个包袱，把它们扔进大海里，扔进垃圾堆里，因为并没有人要求你要背负着这两个包袱。

古人有言："不要为明天忧虑，明天自有明天的忧虑，一天的难处一天当就够了。"

还有这样一句名言："会伤人的东西有3个，苦恼、争吵、空的钱包。其中苦恼摆在三者之前。"

忧能伤人，从生理学的观点来看，似乎理所当然。心理医生梅耶说："烦恼会影响血液循环，以及整个神经系统。很少有人因为工作过度而累死，可是真有人是烦死的。"

心理学家们认为，在我们的烦恼中，有 40% 都是杞人忧天，那些事根本不会发生。另外 30% 则是既成的事实，烦恼也没有用。另有 20% 我们担心的事，事实上并不存在。此外，还有 10% 是我们担心的日常生活中的一些小事。也就是说，我们的烦恼几乎都是自寻的。

苏珊第一次去见她的心理医生，一开口就说："医生，我想你是帮不了我的，我实在是个很糟糕的人，老是把工作搞得一塌糊涂，肯定会被辞掉。就在昨天，老板跟我说我要调职了，他说是升职。要是我的工作表现真的好，干吗要把我调职呢？"

可是，慢慢地，在那些泄气话背后，苏珊说出了她的真实情况。原来她在两年前拿了个 MBA（工商管理硕士）学位，有一份薪水优厚的工作。这哪能算是一事无成呢？

针对苏珊的情况，心理医生要她以后把想到的话记下来，尤其是在晚上失眠时想到的话。在他们第二次见面时，苏珊列下了这样的话："我其实并不怎么出色，我之所以能够成为佼佼者全是侥幸。""明天定会大祸临头，我从没主持过会议。""今天早上老板满脸怒容，我做错了什么呢？"

她承认说："单在一天里，我列下了 26 个消极思想，难怪我经常觉得疲倦，意志消沉。"

苏珊听到自己把焦虑和烦恼的事念出来，才发觉自己为了一些假想的灾祸浪费了太多的精力。

现实生活中，有很多自寻烦恼的人，对他们来说，烦恼似乎成了一种习惯。有的人对名利过于苛求，得不到便烦躁不安；有的人性情多疑，老是无端地觉得别人在背后说他的坏话；有的人嫉妒心重，看到别人超过自己，心里就难过；有的人把别人的问题揽到自己身上自怨自艾，这无异于引火烧身。

烦恼情绪的真正病源，应当从本人的内心去寻找。大凡终日烦恼的人，实际上并不是遭到了多大的不幸，而是在自己的内心和对生活的认识上存在着片面性。聪明的人即使处在恶劣的环境中，也往往能够寻找到快乐。因此，当受到忧烦情绪袭扰的时候，就应当自问为什么会忧烦，从主观方面寻找原因。学会从心理上去适应你周围的环境。

所以，要在烦恼扰乱你生活以前，先改掉烦恼的习惯。

不要去烦恼那些你无法改变的事情。你的精神气力可以用在更积极、更有建设性的事情上面。如果你不喜欢自己目前的生活，别坐在那儿烦恼，起来做点事吧，设法去改善它。多做点事，少一点烦恼，因为烦恼就像摇椅一样，无论怎么摇，最后还是留在原地。

及时说出压力，清理情绪垃圾

适当的压力有益于生活、学习和工作，但压力一旦过度，既会影响身心健康，也会影响日常生活、学习和工作。

不及时说出烦心事或内心的想法，心理负担就会加重。碰到难题时，如果及时向人诉说，互相交流，便可得到放松，减轻心理压力，焦虑情绪自然不会来。

要形成说出压力的好习惯。用有声言语做出结论，对身心有引导、定型和安抚的作用。因而，有压力别闷在心里，要找人说出来。

常婷婷是一家公司的人力资源主管，每天琐碎的事情有一大堆，她经常要做各种计划，所以就很容易焦虑，身居高位，既害怕做错事被自己的领导批评，又担心下属难以管教。外人看见的她总是衣着光鲜，其实没有人了解她心里的苦。每当婷婷有焦虑的情绪产生时，她就会大吃大喝以排解自己的压力，结果反倒弄得自己的肠胃也跟着受罪。

婷婷的妈妈看到辛苦的女儿,很是心疼。一次拉过婷婷的手,说道:"孩子,有压力就要说出来,憋在心里会出问题的。"婷婷却假装坚强地说:"妈,我没事,您放心吧。"此时,妈妈摸了一下女儿的头发,又说道:"婷婷啊,你知道爸爸妈妈为什么给你取这个名字吗?就是希望你生活压力不要太大,一辈子都要不时停下来,放松一下自己。我们是你最亲近的人,和我们说说你的压力,不会给我们造成负担,我们都希望你快乐!"婷婷听完后,眼泪立刻就流了下来,和妈妈整整聊了一个晚上。

很多人就像婷婷一样,出于各种原因,不愿将自己的压力说出来,这样焦虑的情绪也就得不到释放。其实,心平气和地向别人倾诉一下心中的焦虑,不仅情绪压力没有了,别人的一个鼓励和拥抱,还能激发我们更多的正面情绪。

如果负荷长时间过重,身心就会受不了。压力也同样如此,背负得太久,迟早有一天会滑向崩溃的边缘,所以,我们需要在有压力时就及时说出来。

不及时说出内心的想法会让人痛苦不堪,也许就会出现精神错乱,甚至还会出现更可怕的恶果。

因而,找人诉说压力,在诉说的过程中宣泄那些焦虑情绪。说的过程也是在讨论问题,在听取别人的意见时,可能就会找到解决问题的方法。或许,自己当时面临的问题并不难解决,只是当时内心焦虑,难以平静下来。如果能够当即说出这些问题,并和听者进行沟通交流,找到症结所在,问题即可迎刃而解,焦虑情绪自然就能得到排解。

社会精英,谁动了你的健康

现在越来越多的人为了实现自我价值而拼命地工作,最后他们成了人人羡慕的社会精英。但是在羡慕背后,却藏着许多苦涩,焦虑情绪就是其中之一。许多社会精英都承受着别人想象不到的情绪压力，这些情绪压力直接影响到他们的身体健康，致使他们的生活不再如意，工作也不再顺心了。

2000年，36岁的王志国从政府机关辞职，只身来到北京，创办了一家律师事务所。那时候，他的家里刚刚贷款买了房，太太为照顾幼小的女儿，一直没有上班，他为了在北京站稳脚跟，半年时间，只是请客吃饭、交通住宿就花了6万多元。小案子不愿接，大案子也没有。不但没能挣到钱，而且一直往外投钱。

那是正常人无法体味的痛苦，王志国夜夜躺在床上，辗转反侧不能入睡。早上起床后，看见什么都想发脾气，双手不停地发抖，恶心，头痛欲裂。那时的他甚至想自杀。在外人眼里，王志国是一个硕士，有自己的公司，事业有成，家庭美满。但他不足40岁，却因为工作中遇到的挫折而痛苦不堪。

作为社会精英的王志国，由于自身的敏感以及长期的工作压力，整个人处于一种焦虑状态，这是"精英症"的典型表现。社会精英是指那种社会地位、受教育程度较高的人群。这一人群有以下明显的特征：

（1）事业心强，有成就感。

（2）有强烈的工作动机，勤奋地工作。

（3）对工作充满激情，似乎永远不知疲倦。

（4）很看重自己的声望，对自己要求严格，有很强的使命感。

（5）他们总是处于一种应激状态。

精英人群所具备的这些特征，对其工作和生活带来了严重的负面影响：

首先，生存压力很大。为了生活，他们拼命工作，不断自我加码，最后容易引发健康危机。

其次，受过高等教育的人往往比较敏感。当他们实际得到的和期望得到的、自己得到的和他人得到的之间存在很大差距时，就情绪失衡，容易愤怒，无名发火，这种属于表面愤怒，它的起因还是焦虑情绪。从身心健康的角度讲，焦虑情绪会进一步加重他们的心理负担，影响他们的身体健康。

再次，根据研究，长期处于压力状态下的人会经历"警觉"、"反抗"和"耗尽"三个阶段。这就是说应激精神状态可能导致身心疾病，甚至造成"过劳死"。

"过劳死"最简单的解释就是超过劳动强度而致死，是指"在非生理的劳动过程中，劳动者的正常工作规律和生活规律遭到破坏，体内疲劳淤积并向过劳状态转移，使血压升高、动脉硬化加剧，进而出现致命的状态"，而造成这种状况的根本原因，还是由于心理压力过大。

社会要发展，竞争在加剧，精英在社会中的作用、地位越来越重要，与此同时，社会精英的健康状况也越来越引起人们的关注。那么，究竟有没有好的办法来应对呢？专家建议：

（1）工作1小时就安排15分钟的体育活动，活动要达到心跳适当加快、微微出汗的效果。

（2）要多学习关于健康的知识，以利于形成健康的生活意识和方式。

（3）及时进行有针对性的体检，对存在的健康隐患及早处理，防患于未然。

为了生存，我们必须要面对各种各样的压力，这是无法改变的现实。但是，如果所有压力都被自己背起来，焦虑迟早会让你的生活亮起红灯。放下压力，赶走焦虑，我们就能享受健康的生活。

第三章

放下后悔：纠结拧巴不如顺心而为

不要长期沉浸在懊悔的情绪中

我们会因为自己做错事而产生懊悔的情绪，这种情绪本身是健康积极的，代表我们已经意识到事情的错误本质或者给别人造成的伤害，少量的懊悔情绪会让我们朝着弥补错误的方向去努力，做更加优秀的自己。但是，如果我们长期处在懊悔之中，事情会变得越来越糟，则对身心是一种损耗，我们每天会惶惶不可终日，总是担心别人责怪我们，或是担心事情会变得越来越糟，而没有将懊悔的情绪转化为正面的行动。仅仅用懊悔情绪而不是正面行动来对待错误，会让我们的损失更大，甚至失去生活中的很多乐趣。

有一个著名的哲理故事"不为打翻的牛奶哭泣"，就说明了这个道理。

在美国纽约市的一所中学里，某班的多数学生常常为学习成绩不理想而感到忧虑和不安，以致影响了下一阶段的学习。一天，保罗博士在实验室给他们上课，他先把一瓶牛奶放在桌子上，沉默不语。

同学们不明白这瓶牛奶和这节课有什么关系，只见他忽然站了起来，一巴掌把那瓶牛奶打翻在水槽中，同时大喊了一句："不要为打翻的牛奶哭泣！"然后他叫所有同学围拢到水槽前仔细看那破碎的瓶子和淌着的牛奶。博士一字一顿地说："你们仔细看一看，我希望你们永远记住这个道理：牛奶已经淌完了，不论你怎样后悔和抱怨，都没有办法取回一滴。你们要是事先想一想，加以预防，那瓶牛奶还可以保住，可是现在晚了，我们现在所能做到的，就是把它忘记，然后注意下一件事！"

当牛奶瓶子被打翻，牛奶洒了，你是该为洒了的牛奶而哭泣后悔，还是行动起来找出教训,以后不再打翻?答案是显而易见的,当然应该是后者。流入河中的水是不能取回的,打翻的牛奶也不能重新收集起来。或许你在一段时间里会自责不已,但请记住:不要为打翻的牛奶哭泣。牛奶打翻在地已是既成事实,即使你再哭泣,也于事无补。它不会吝惜你的眼泪,也不会被你感动。你只有调整情绪,面对现实,正视它,吸取教训,争取拥有一瓶更纯、更好的牛奶。

当你经历挫折的时候,必须勇于忘却过去的不幸,重新开始新的生活。莎士比亚说:"聪明人永远不会坐在那里为他们的损失而哀叹,却用情感去寻找办法来弥补他们的损失。"这就像那些明智的投资者,既然自己的投资已经构成了沉没成本,再欷歔嗟叹也于事无补,倒不如接受教训,放下包袱,轻装前行。

"吃一堑,长一智"是很重要的。如果你连续不断地打翻牛奶,那就应该好好反省,找出症结所在,把问题彻底解决。这样,每经历一次困难、挫折,你就会增长一些经验,获得更丰富的人生经历。如果你身边的人,他们没有打翻过牛奶,或是极少打翻过,那你最明智的做法就是,认真学习人家的经验,虚心地向他们请教。在没有打翻牛奶之前,找到避免打翻它的做法,是最经济、最有效的方法。

别让不幸层层累积

美国第六任总统约翰·昆西·亚当斯提醒人们说:"不要把新掉的眼泪浪费在昔日的忧伤上。"乔治五世在他白金汉宫的墙上挂着下面这句话:"我不要为月亮哭泣,也不要为过去的事后悔。"叔本华也说过:"能够顺从,就是你在踏上人生旅途中最重要的一件事。"

一次不幸就已经让你有了一次负面情绪的体验,如果再后悔就会不断累积这种体验。在人的一生中，会时时遇到悔恨，但过多的悔恨如果不能及时清空，就会在日积月累中聚集生命的脆弱点，如同长堤中那些看似渺小的蚁群，由于它们的蚕食，长堤上的薄弱点越来越多，终有一天，长堤将被巨浪冲垮。

有一个小女孩，她从小就特别喜欢跳舞。但是，在她小学二年级时发生的一件事，影响了她的一生。因为她虚荣心比较强，她偷走了同桌的一块漂亮橡皮，后来她遭到全班同学的嘲笑。

小女孩的心里非常受伤，一时冲动就用圆规在自己的手背上刺了个印记。若干年后，小女孩出落得亭亭玉立了，在她满怀欣喜地准备报考自己最爱的舞蹈专业时，才发现这块突兀的印记在她白皙的手背上是多么显眼。因为印记的关系，小女孩与舞蹈专业擦肩而过，而且在以后的生活中，她也是畏畏缩缩，不敢大大方方地把手拿出来，这也让她变得极不自信。就因为童年这个不幸的记忆，她逐渐变得讨厌自己，还患上了抑郁症。

要学会从过去的不幸中走出来，其中一个最好的方法就是每天播种一个希望，让希望引领你走出过去，迎接每一个崭新的日子。一个人关上过去的窗，打开未来的门，就如同一个人想给自己的衣柜里面再放进去一些新的衣服，但是旧衣服挤满了柜子，想让新衣服放进去，只有拿出那些旧的衣服，才能给新的衣服腾出空间。有人觉得拿出来扔掉太可惜了，但实际上这些旧衣服的利用率极低，只是占空间。这就如同人的大脑一样，如果里面存了过多灰暗、悲伤的事情，那么，未来幸福、美好的事情就无法填进你的大脑里面，人又怎么能快乐起来呢？

一个人要及时走出过去的情绪阴影。因为没有一个人是没有过失的，如果有了过失能够决心去改正，即使不能完全改正，只要继续不断地努力下去，心中也会坦然了。徒有感伤而不从事切实的补救工作，那是最要不得的。我们应当吸取过去的经验教训，但也不能总是在阴影下活着。内疚是对错误的反省，是人性中积极的一面，却又属于情绪的消极一面。我们应该分清这二者之间的关系，反省之后迅速行动起来，把消极变成积极，让积极的更积极。

我们不能抛弃过去，可是也不能做过去的奴隶。在心灵的一个角落里，珍藏起自己走过的路上遭遇的种种喜怒哀愁、酸甜苦辣，再把更广阔的心灵空间留给现在。

学会从失败的深渊里走出来

失败并不可怕，问题是我们能不能善待失败，能不能进行正确的情绪反馈。只要找到上次失败的原因，就会在下一次减少自己后悔的情绪，我们就会离成功越来越近。

乐观情绪的光环并不是只围绕那些成功者运转，只要我们及时放下后悔，也有成功的机会。善待失败，找出失败的原因，进行自我反思，就为下一步的成功奠定了基础。

错误可以说是这个世界的一部分，与错误共生是人类不得不接受的命运。但错误并不总是坏事，从错误中吸取经验教训，再一步步走向成功的例子比比皆是。因此，当出现错误时，我们应该了解错误的潜在价值，然后把这个错误当作垫脚石，从而获取成功。

1958年，弗兰克·康纳利在自家杂货店对面经营了一家比萨饼屋，筹措他的大学学费。19年后，康纳利卖掉3100家连锁店，总值3亿美元，他的连锁店叫作必胜客。

对于其他也想创业的人，康纳利给他们的忠告很奇怪："你必须学会反省失败。"他的解释是这样的："我做过的行业不下50种，而这中间大约有15种做得还算不错，那表示我大约有30%的成功率。可是你总是要出击，而且在你失败之后更要出击。你根本不能确定你什么时候会成功，所以你必须先学会反省自己为什么会失败。"

　　康纳利说必胜客的成功归因于他从错误中学得的经验。在俄克拉何马的分店失败之后，他知道了选择地点和店面装潢的重要性；在纽约的销售失败之后，他做出了另一种硬度的比萨饼；当地方风味的比萨饼在市场出现后，他又向大众介绍芝加哥风味的比萨饼。

　　康纳利失败过无数次，可是他善于反省，总结失败的教训。

　　这就是自省的力量。如果你也能善于自我反省，总结失败的教训，把它们化作成功的垫脚石，那么成功就在前方不远处等着你。反省是一面镜子，它能照出失败的根源，也能照出负面情绪的可怕之处。

　　泰戈尔在《飞鸟集》中写道："只管走过去，不要逗留着去采下花朵来保存，因为一路上，花朵会继续开放的。"为采集路边的花朵而花费太多的时间和精力是不值得的，道路还长，前面还有更多的花朵，让我们一路走下去。

　　抓住过去的错误不放，久久徘徊在苦痛、悔恨中是不明智之举，因为在我们一直谴责自己的时候，会有很多机会从我们的身边溜走。古希腊诗人荷马说："过去的事已经过去，过去的事无法挽回。"昨日的阳光再美，也移不到今日的画册中。我们应该好好把握现在，珍惜此时此刻的拥有，不要把大好的时光浪费在对过去的错误的悔恨之中。过去所犯的错误就让它永远地过去，再懊悔也已于事无补，倒不如抖落一身的尘埃，继续上路，相信人生将有更美的风景在前方等待着你。

　　美国作家马克·吐温曾经经商，第一次他从事打字机的生意，因受人欺骗，赔进去19万美元；第二次办出版公司，因为是外行，不懂经营，又赔了10万美元。两次共赔了将近30万美元，不仅把自己多年心血换来的稿费赔个精光，而且还欠了一大堆的债务。

马克·吐温的妻子奥莉维亚深知丈夫没有经商的才能，却有文学上的天赋，便帮助他鼓起勇气，振作精神，重新走上创作之路。终于，马克·吐温很快摆脱了失败的痛苦，在文学创作上取得了辉煌的成就。

如果马克·吐温一直抓住过去的失败不放，那么他就没有成为著名作家的那一天。成功需要坚持，需要自己一次次从失败带给的情绪深渊中走出来。被情绪打败的人，永远不能品尝到成功的喜悦与甘甜。

失败并不可怕，我们只是被它打倒一次，受了点伤，流了点眼泪而已。但是如果你一直沉浸在失败带来的负面情绪中，就会觉得自己好像失去了双臂双脚，根本就没有力气爬起来。所以说，学会从失败的深渊里爬出来，才是我们接受失败之后应该做的事情，而不是活在失败情绪的阴影里。我们只有爬起来，才能再次出发，迎接未来的人生。

别抓住自己的缺点不放

每个人都会有各种各样的缺点和不足，如果我们一味地沉浸在自己的缺点中无法自拔，那么生活还有什么意义呢？我们每一个人都是独一无二的，将自己的缺点放大，而看不到自己优点的人一定是不会快乐的。当你觉得自己没有一个优点的时候，说不准此刻别人正在羡慕你的才能。

小齐读大学的时候，所在班级每天中午都要上演一个同学们喜闻乐见的节目，就是"才艺大观"。按规定，班内的每个人都要参与，你可以发表演讲，也可以说段子、讲笑话，只要能展示你自己，并且大家爱听爱看，无论什么节目都可以。

有一天中午，轮到小齐上台表演。他可以说是班内男生里最不起眼的一个，无论是学习成绩还是外貌形象，倒数第一的准是他。只见他慢腾腾地走上讲台，摘下他那顶作为道具用的西部牛仔帽子，先向同学们深深地鞠了一躬，然后清清嗓子开始演讲：

"嗯！从身材上看，不用我说大家也可以看出，我属于三等残疾之列，但大家知道吗？我比拿破仑还高出 2 厘米呢，他是 1.58 米，而我是 1.6 米；再有维克多·雨果，我们的个头都差不多；我的前额不宽，天庭欠圆，可伟大的哲人苏格拉底和斯宾诺莎也是如此；我承认我有些未老先衰的迹象，还没到 20 岁便开始秃顶，但这并不寒碜，因为有大名鼎鼎的莎士比亚与我为伴；我的鼻子略显高耸了些，如同伏尔泰和乔治·华盛顿的一样；我的双眼凹陷，但圣徒保罗和哲人尼采亦是这般；我这肥厚的嘴唇足以同法国君主路易十四媲美，而我的粗胖的颈脖堪与汉尼拔和马克·安东尼齐肩。"

沉默了片刻，他继续说："也许你们会说我的耳朵大了些，可是听说耳大有福，而且塞万提斯的招风耳可是举世闻名的啊！我的颧骨隆耸，面颊凹陷，这多像美国内战时期的英雄林肯啊；我那后缩的下颌与威廉·皮特不分伯仲；我那一高一低的双肩，可以从甘必大那寻得渊源；我的手掌肥厚，手指粗短，大天文学家爱丁顿也是这样。不错，我的身体是有缺陷，但要注意，这是伟大的思想家们的共同特点……"

当小齐做完他的节目走下讲台时，班级里爆发出久久不息的掌声。

小齐的这次讲演，不仅在于他的风趣幽默与妙语连连，更在于他让同学们学会了如何对待自己的缺点。

不是我们不够优秀而是我们太难为自己，难为到我们自己也为之伤心、失落。一个人最闪光的时刻就是自信的时候，自信需要我们不断地寻找自身的优点，而不是一味地强调自己的缺点。一个外貌条件不出众的人可以比一个自身条件优越的人更有魅力，就是因为他充满自信。

人无完人，我们不要抓住自己的缺点不放，对此耿耿于怀，要快乐地接受，坦然面对，这样我们就能够驱散心头的忧虑，让快乐永驻心间。

与其抱残守缺，不如断然放弃

爱默生经常以愉快的方式来结束每一天。他告诫人们："时光一去不返，每天都应尽力做完该做的事。疏忽和荒唐事在所难免，要尽快忘掉它们。明天将是新的一天，应当重新开始，振作精神，不要使过去的错误成为未来的包袱。"

要成为一个快乐的人，重要的一点是学会将过去的错误、罪恶、过失通通忘记，只是往前看。忘记过去的事，努力向着未来的目标前进。

印度"圣雄"甘地在行驶的火车上，不小心把刚买的新鞋弄掉了一只，周围的人都为他惋惜。不料甘地立即把另一只鞋从窗口扔了出去，众人大吃一惊。甘地解释道："这一只鞋无论多么昂贵，对我来说也没有用了，如果有谁捡到一双鞋，说不定还能穿呢！"

普通人在遇到这种情况后，肯定会流露出懊悔的情绪，然后责备自己。但是，甘地没有这么做。他没有产生负面情绪的原因在于他自身的观念：与其抱残守缺，不如断然放弃。我们都有过失去某种重要东西的经历，且大都在心里留下了阴影。究其原因，就是我们并没有调整好心态去面对失去，没有从心理上承认失去，总是沉湎于对已经不存在的东西的怀念。事实上，与其为失去的懊恼，不如正视现实，换一个角度想问题：也许你失去的，正是他人应该得到的。

卡耐基先生有一次曾造访希西监狱，他对狱中的囚犯看起来竟然很快乐感到惊讶。典狱长罗兹告诉卡耐基：犯人刚入狱时都积极地服刑，尽可能快乐地生活。有一位花匠囚犯在监狱里一边种着蔬菜、花草，还一边轻哼着歌呢！他哼唱的歌词是：

事实已经注定，事实已沿着一定的路线前进，

痛苦、悲伤并不能改变既定的情势，

也不能删减其中任何一段情节，

当然，眼泪也于事无补，它无法使你创造奇迹。

那么，让我们停止流无用的眼泪吧！

既然谁也无力使时光倒转，不如抬头往前看。

既然既定的事实无法改变，就坦然地面对失去吧！这才是正确的情绪反应。

只要你心无挂碍，把失去的东西看得云淡风轻，该放弃时放弃，何愁没有快乐的春莺在啼鸣，何愁没有快乐的泉溪在歌唱，何愁没有快乐的白云在飘荡，何愁没有快乐的鲜花在绽放！所以，放下就是快乐，不被过去所纠缠，这才是豁达的人生。

让过去的事过去

在日常生活中，我们总是牵挂得太多，我们总是太在意得失，所以我们的情绪起伏，被人性中负面情绪的力量所牵制。被负面人性牵着鼻子走的人，不可能活出洒脱的境界。懊恼常常是人们在失去之后的最大反应，殊不知，懊恼已于事无补，根本不能左右事态的发展。所谓烦恼处处有，看开便全无。

人总是会很容易原谅自己，不过，这只是表面上的饶恕而已，如果不这么自我安慰的话，如何去面对他人？但在深层的思维里，一定会反复地自责："为什么我会那么笨？当时要是细心一点就好了。"

如果你还不相信，请你再想想自己有没有犯过严重的错误？如果想得出来的话，那你一定有过耿耿于怀，并没真正忘了它。表面上你是原谅了自己，实际上你是将自责收进了潜意识里。

没错，我们是犯了错。但是如果你牢牢地抓住这个错误不放，痛苦的则只能是自己。辩证地分析错误，从错误中汲取经验，接下来就应该获得绝对的宽恕，再下来就得把它给忘了，继续前进。

其实，犯错对任何人而言，都不是一件愉快的事情，一个人遭受打击的时候，难免会格外消沉。在那段灰色的日子里，你会觉得自己就像失败的拳击选手，被那重重的一拳击倒在地上，头昏眼花，满耳都是观众的嘲笑声和那失败的感觉。在那时候，你会觉得简直不想爬起来了，觉得你已经没有力气爬起来了！可是，你会爬起来的。不管是在裁判数到十之前，还是之后。而且，你还会慢慢恢复体力，平复创伤，你的眼睛会再度张开来，看见光明的前途。你会淡忘掉观众的嘲笑和失败的耻辱。你会为自己找一条合适的路——不要再去做挨拳头的选手。

玛丽·科莱利说："如果我是块泥土，那么我这块泥土，也要预备给勇敢的人来践踏。"如果在表情和言行上时时显露着卑微，每件事情上都不信任自己、不尊重自己，那么这种人也得不到别人的尊重。

造物主给予人巨大的力量，鼓励人去从事伟大的事。这种力量潜伏在我们的脑海里，使每个人都具有宏韬伟略，能够精神不灭、万古流芳。如果一个人不尽到对自己人生的职责，在最有力量、最可能成功的时候不把自己的力量施展出来，那么你就不可能成功。

宽恕自己，别和自己过不去，你才能把犯错与自责的逆风，化为成功的推力。

心胸豁达，远离后悔情绪

在漫长的岁月中，我们都会碰到一些令人不快的情况，它们既然是这样，就不可能是别的样子。但我们也可以有所选择，可以把它们当作一种不可避免的情况加以接受，并且适应它；或者用后悔来毁了我们的生活，甚至最后可能会弄得精神崩溃。

人们产生后悔的原因大致可以分为两种：第一种是在做出决定之前对可能出现的消极后果有一定的预知，但由于疏忽大意或者盲目乐观，对这种危险的苗头没能采取必要的预防措施，在这种情况下，做决定的人往往非常后悔，因为他已经接近正确的选择，只因一念之差发生了重大遗漏。

《费城日报》的富雷特·法兰杰特先生是一个懂得将古老真理融入现代生活而受益的人。有一次他在对某一所大学毕业生致词时说："曾拿锯子锯过木头的人，请举手！"大部分的学生都举起了手。之后他又问："现在，曾拿锯子锯过木屑的人请举手！"结果没有一个人举手。

"当然，拿锯子锯木屑是不可能的。木屑是锯剩的残渣，而我们的过去不也像木屑一样吗？为无法挽救的事追悔不已，不就像拿着锯子锯木屑一般吗？"富雷特说。他用这种方法来教会学生们如何克服后悔。

很多事情发生了就是发生了，就像上面这个故事一样，锯下了就无法挽回。既然无法挽回，那么，我们为什么还要执迷不悟地为往事忏悔呢？清醒地认识到后悔情绪对我们的危害，将有助于我们摆脱它：

1. 后悔情绪会使人丧失前行的激情。受后悔情绪的影响，仿佛使人背了一个沉重的包袱，做任何事情无精打采；

2. 后悔情绪会给人带来郁闷的感受。每当想起不愉快的往事，令人缺乏自信和快乐；

3. 后悔情绪会使人浪费宝贵的光阴。整天受后悔情绪的影响，会在不自觉中放弃当下需要做的重要事情，因而浪费宝贵的时间。

我们先来看一个故事。

周广仁，曾任中央音乐学院教授，钢琴系主任。她是中国第一位在国际比赛中获奖的钢琴家，一直以弹钢琴为生的周广仁在一次意外中，两根手指断了，这对于她来说无疑是一个致命的打击，面对如此大的挫折，她没有一点后悔情绪，随后，她倾注全部心血投入钢琴普及教育，培育了无数有发展潜力的琴童，被誉为"中国钢琴教育的灵魂"。她在做客中央电视台《艺术人生》时说道："我这个人是属于比较现实，比较乐观，我很少往后看，我总是往前看。"

"我总是往前看"，这就是我们需要学习的一个核心内容，后悔之所以称为后悔，是因为我们总是回顾，总是往后看，所以，我们迟迟走不出后悔的阴霾。

那么，该如何摆脱后悔情绪呢？可以从如下三方面着手：

1. 反思自己，避免重蹈过去的覆辙。在学习和工作出现错误、失误的时候，不要后悔，要反思自己，是什么原因导致自己在学习和工作出现错误、失误，并找到避免重复过去错误、失误的方法，以指导自己不断完善学习和工作。

2. 面向未来，着眼于未来的职业发展。在职场上，过去工作出现错误、失误并不重要，重要的是在未来工作中谨防过去的错误、失误"死灰复燃"，面向未来，并着眼于未来职业发展，会使我们忘却过去工作中的错误、失误，克服后悔情绪的消极影响，从而真正摆脱后悔情绪的困扰。

3. 抓住当下，把握职场宝贵的发展机会。浓厚的后悔情绪，会使一个人滋生"活在过去"，忽视当今需要做好重要事情的心理。抓住当下，把握职场宝贵的发展机会，如求职、就业、晋升和创造业绩等，这是职场人士最重要的事情，不能有丝毫懈怠。只有远离后悔情绪，才能有效抓住当下，把握一个又一个职场发展机会。

错过了就别后悔。后悔不能改变现实，只会消弭未来的美好，给未来的生活增添阴影。最后，让我们牢记下面的话：要是我们得不到我们希望的东西，最好不要让忧虑和悔恨来苦恼我们的生活。且让我们原谅自己，学得豁达一点。

放过自己，学会向前看

一说起后悔，许多人都有着各式各样的后悔经验：职场生涯放弃了更有发展的岗位，投靠了状况不佳的公司，股市投资该买的没买，该卖的没卖；谈婚论嫁时错过了最心爱的对象，选择了不该选的伴侣……仔细一想，若斤斤计较，后悔之事天天都在发生。

不知你是否想过，后悔的情绪其实对我们影响甚巨。由于后悔，我们会无法感受收获带来的快乐。因为后悔心情在作祟，所以我们容易陷入强烈的自责及失落感。

此外，太过强烈的懊悔情绪，也会让你我在生活中失去前进的动力。在投资上曾做出后悔莫及的决定，或在职场上抉择失误，使自己失去好的发展机会，后悔就如同曾被洪水猛兽侵袭一般，让人记忆深刻，甚至痛苦得不能自拔。

陷入后悔情绪的林月就是一个很好的例子，她说：

一个月前我把一份很体面、待遇也很可观的工作辞掉了。由于那时内心浮躁，觉得自己应该还有更好的发展，而且我的专业是做软件开发的，之所以去之前的公司，完全是因为自己刚毕业，什么经验都没有，工作也不太好找。其实，在这家公司工作了一年，也没觉得有什么不好。

也不知道自己是着了什么魔了，稀里糊涂就把工作给辞了。一周前我们同学聚会时，看到同学们的境遇我就后悔辞职了，开始怀疑自己是不是真的适合做软件，一切都从零开始，很害怕以后待遇不会超过之前，所以一想到这些，就觉得特别后悔，感觉每天都活在痛苦中。

好友得知我辞职的消息，一直埋怨说我傻，说现在找个工作多难啊，你那么好的待遇，真是身在福中不知福。我觉得的确是错了，这种后悔真的很可怕，有时候晚上很清醒，似乎把什么都想明白了，但是到了第二天情绪又会变得很糟糕，真有种崩溃的感觉。我现在什么都做不了，后悔就像一条细细的绳子一样，把我紧紧地绑了起来，我觉得自己都不能呼吸了。

世上没有卖后悔药的，做过的事情，也无法退回原地，林月纵然痛苦万分，也不能改变现实。面对这种境地，我们唯一能做的就是学会调节我的情绪，让后悔的心情随风而逝，精神抖擞地迎接下一个挑战。

其实，这个世界上有一大半的悲剧是因为人们想不开而造成的，正因为这种一时间想不开的情绪，使我们陷入更深的求而不得的烦恼之中，而最终无力自拔。例如在工作时不好好工作，在娱乐时不好好娱乐，在恋爱时不好好恋爱。这使得我们总是在事情的最后后悔感叹自己当初的所作所为，并以"如果""假设"的抱怨方式，来纾解自己的想不开，结果却是徒劳的。

人们常说的生命意义，就是能随时随地心安理得、顺其自然的一种状态，也就不会大悲大喜弄得身心俱疲。想要获得这样的生活状态，首先要学会安抚自己的情绪，只有把一切想开，我们才能收获一颗喜悦之心。所以，我们应该珍惜生活中的每一分钟，不要在虚幻中浪费宝贵的时间，让我们的情绪如山涧的潺潺溪流一般，变得温顺而平和，只有我们想开了，把握住眼前的幸福，我们才能够真正地把自己安置在天堂之中。

遗憾，也能成全完美

每个人都可以享受生活的幸福，因为幸福从来不曾走远，而就在当下。有的人会把现时的平安和喜乐看作是上帝的一种恩赐，怀着感恩的心情去享用，而还有的人则会把手中的喜乐随意丢弃，即使已经拥有了很多幸福的事物，他却一点也看不见，还在为了那些没有得到的东西而不停地抱怨。

生活中常有这种事情：来到跟前的往往轻易放过，远在天边的却又苦苦追求；占有它时感到平淡无味，失去它时方觉可贵。可悲的是，这种事情经常发生，我们却依然觊觎那些"得不到"的，跌入这种"得不到的总是最好的"的陷阱中，遗失了我们身边的宝贝。

很多人只懂得为错过的太阳流泪，为错过美好而感到遗憾和痛苦，却不知珍惜现下拥有的一切，享受现时的平安和喜乐，才能得到幸福。其实喜欢一样东西不一定非要得到它，俗话说："得不到的东西永远是最好的。"当你为一份美好而心醉时，远远地欣赏它或许是最明智的选择，错过它或许还会给你带来意想不到的收获。

人生就像一场旅行，在行程中，你会用心去欣赏沿途的风景，同时也会接受各种各样的考验，这个过程中，你会失去许多，但是，你同样也会收获很多，因为，失去所传递出来的并不一定都是灾难，也可能是福音。

有一位住在深山里的农民，经常感到环境艰险，难以生活，于是便四处寻找致富的好方法。一天，一位从外地来的商贩给他带来了一样好东西。尽管在阳光下看去那只是一粒粒不起眼的种子，但据商贩讲，这不是一般的种子，而是一种叫作"苹果"的水果的种子，只要将其种在土壤里，两年以后，就能长成一棵棵苹果树，结出数不清的果实，拿到集市上，可以卖好多钱呢！

欣喜之余，农民急忙将苹果种子小心收好，但脑海里随即涌现出一个问题：既然苹果这么值钱、这么好，会不会被别人偷走呢？于是，他特意选择了一块荒僻的山野来种植这种颇为珍贵的果树。

经过近两年的辛苦耕作，浇水施肥，小小的种子终于长成了一棵棵茁壮的果树，并且结出了累累硕果。

这位农民看在眼里，喜在心中。嗯！因为缺乏种子的缘故，果树的数量还比较少，但结出的果实也肯定可以让自己过上好一点儿的生活。

他特意选了一个吉祥的日子，准备在这一天摘下成熟的苹果，挑到集市上卖个好价钱。当这一天到来时，他非常高兴，一大早便上路了。

当他气喘吁吁爬上山顶时，心里猛然一惊，那一片红灿灿的果实，竟然被外来的飞鸟和野兽们吃了个精光，只剩下满地的果核。

想到这两年的辛苦劳作和热切期望，他不禁伤心欲绝，大哭起来。他的财富梦就这样破灭了。在随后的岁月里，他的生活仍然艰苦，只能苦苦支撑下去，一天一天地熬日子。不知不觉之间，几年的光阴如流水一般逝去。

一天，他偶然来到了这片山野。当他爬上山顶后，突然愣住了，因为在他面前出现了一大片茂盛的苹果林，树上结满了累累硕果。

这会是谁种的呢？在疑惑不解中，他思索了好一会儿才找到了一个出乎意料的答案。这一大片苹果林都是他自己种的。

几年前，当那些飞鸟和野兽在吃完苹果后，就将果核吐在了旁边，经过几年的生长，果核里的种子慢慢发芽生长，终于长成了一片更加茂盛的苹果林。

现在，这位农民再也不用为生活发愁了，这一大片林子中的苹果足以让他过上温饱的生活。

有时候，失去是另一种获得。花草的种子失去了在泥土中的安逸生活，却获得了在阳光下发芽微笑的机会；小鸟失去了几根美丽的羽毛，经过跌打，却获得了在蓝天下凌空展翅的机会。人生总在失去与获得之间徘徊。没有失去，也就无所谓获得。

因此，在你感觉到人生处于最困顿的时刻，也不要为错过而后悔。后悔情绪就像是一个黑色的眼罩，会让你陷入无边的黑暗之中，如果你肯摘下这个眼罩，你就会发现失去的折磨会带给你意想不到的收获。

第四章

战胜挫折：做一个内核稳定的成年人

对自己说声"不要紧"

生活中有很多突发的挫折，会给我们的心灵带来巨大的压力，很多人会因为这些压力而变得情绪低沉，感到绝望、恐惧、万念俱灰，甚至会因此而失去活下去的勇气。

但是越是这个时候，越要与自己的负面情绪做抗争，越需要在心底对自己说：坚持一下，没什么要紧的。过了这一刻，一切都会好起来。

一天，一位老教授在爱米莉的班上说："我有句三字箴言要奉送各位，它对你们的学习和生活都会大有帮助，而且可使你们心境平和，这三个字就是'不要紧'。"

爱米莉领会到了这句三字箴言所蕴涵的智慧，于是便在笔记簿上端端正正地写下了"不要紧"三个字，她决定不让挫败感和失望破坏自己平和的心境。

后来，她的心态经受了考验，她爱上了英俊潇洒的凯文，他对她很重要，爱米莉确信他是自己的白马王子。

可是有一天晚上，凯文却温柔委婉地对爱米莉说，他只把她当作普通朋友。爱米莉以他为中心构想的世界顿时就土崩瓦解了。那天夜里爱米莉在卧室里哭泣时，觉得记事簿上的"不要紧"三个字看来很荒唐。"要紧得很，"她喃喃地说，"我爱他，没有他我就不能活。"

但第二日早上爱米莉醒来再看这三个字，她就开始分析自己的情况：到底有多要紧？凯文很要紧，自己很要紧，我们的快乐也很要紧。但自己会希望和一个不爱自己的人结婚吗？日子一天天过去了，爱米莉发现没有凯文，自己也可以生活得很好。爱米莉觉得自己仍然很快乐，将来肯定会有另一个人进入自己的生活，即使没有，她也仍然要快乐。

几年后，更适合爱米莉的人真的出现了。在兴奋地筹备婚礼的时候，她把"不要紧"这三个字抛到九霄云外。她不再需要这三个字了，她觉得以后将永远快乐，她的生命中不会再有挫折和失望了。

然而，有一天，丈夫和爱米莉却得到了一个坏消息：他们用所有积蓄投资的生意经营不下去了。

丈夫把这个坏消息告诉爱米莉之后，她感到一阵凄酸，胃像扭作一团似的难受。爱米莉又想起那句三字箴言："不要紧。"她心里想："真的，这一次可真的要紧！"可是就在这时候，小儿子用力敲打积木的声音转移了爱米莉的注意力。儿子看见妈妈看着他，就停止了敲击，对她笑着，他的笑容真是无价之宝。爱米莉的目光越过他的头望出窗外，在院子外边，爱米莉看到了生机盎然的花园和晴朗的天空。她觉得自己的心情恢复了。于是她对丈夫说："一切都会好起来的，损失的只是金钱，不要紧。"

意志和希望大概是治愈绝望情绪的最好良药，情绪是一个天平，就看你要倒向哪一边。遇到困难时就像爱米莉一样，对自己说一句"不要紧"，相信自己终会熬过去，相信风雨过后，一定会有彩虹。有时候，我们面对的最大的敌人，并不是具体的事情，而是我们的内心，是我们内心的恐惧、焦虑和懦弱。

事实上，很多问题并不像我们想象的那么严重，面对这些狂风暴雨，如果我们能够尝试着对自己说"不要紧"，时刻保持积极的心态，那么这些人生困难最终都将被克服。

别让自己打败自己

有些人遭受了多次的打击，就会丧失奋发向上的激情，就会自我压制拼搏的欲望，同时封杀自己的信心和勇气，于是挫败感就由此产生了，也开始对一切事物感到悲观。

有人曾经用两种鱼做了一个实验。实验者用玻璃板把一个水池隔成两半，把一条鲮鱼和一条鲦鱼分别放在玻璃隔板的两侧。开始时，鲮鱼要吃鲦鱼，飞快地向鲦鱼游去，可第一次撞在玻璃隔板上，游不过去。于是鲮鱼又开始了第二次，第三次……一直到第十几次的攻击，可是结果还是一样，它永远也吃不到鲦鱼。于是，最终鲮鱼放弃了努力，不再向鲦鱼那边游去。而让人吃惊的是，当实验者将玻璃板抽出来之后，鲮鱼也不再尝试去吃鲦鱼！鲮鱼失去了吃掉鲦鱼的信心，放弃了努力。

其实生活中，又有多少人在犯着和鲮鱼一样的错误呢？希腊曾经有这样一个故事：

自古希腊以来，人们一直试图达到4分钟跑完1英里的目标。人们为了达到这个目标，曾让狮子追赶奔跑者，但是也没能4分钟跑完1英里。于是，许许多多的医生、教练员和运动员断言：要人在4分钟内跑完1英里的路程，那是绝不可能的。因为，我们的肺活量不够，风的阻力又太大。

而当所有人都相信这已经成为一个铁的事实时，罗杰·班尼斯特用自己的亲身经历击碎了所有医生、教练员和运动员的断言，他开创了4分钟跑完1英里的记录。而更令人惊叹的是，在此之后的一年中，又有300名运动员在4分钟内跑完了1英里的路程。

由此可见，人的潜能和拼搏的欲望完全可以被一次次的挫折扼杀。回到鲮鱼的故事中，我们看到了最可悲的是，玻璃板隔开的不只是一次弱肉强食的自然法则，而是把心灵的行动欲望和进取精神抹杀了，而这种抹杀的元凶却是自己。生活中的挫折随时会有，随处可见，难道每一次都要把自己困在绝望中？关键还是看你怎样对待挫折。

尼采曾把他的哲学归为一句至理名言：成为你自己。的确，人生的成功与人生的期望密切相关。一个对生活、对自己失去期望的人，永远不会成功。而一个懂得改变，笑对挫折的人，才会最终取得成功。

曾有一次，著名的小提琴家欧利布尔在巴黎举行一场音乐会，他的小提琴上的 A 弦突然断了，可是欧利布尔就用另外的三根弦演奏完那支曲子。"这就是生活，"爱默生说，"如果你的 A 弦突然断了，就在其他三根弦上把曲子演奏完。"

对于许多人来说，挫折并不可畏，可怕的是在心灵上被彻底打败，而又未能体会真正的"教训"，反而一再重蹈覆辙，以致到最后落得一败涂地。人们常说，胜败乃兵家常事，因此要"胜勿骄，败勿馁"，更重要的是要经得起挫折，重整旗鼓，开辟人生新的战场。

有意识地训练坚强的意志

坚强的意志是通过不断锤炼得到的，这里所说的锤炼是指克服不良的意志品质，培养优良的意志品质。当拥有了坚强的意志后，你会发现，自己的"健康城堡"已变得坚不可摧。下面介绍几种集体训练和自我训练的方法：

1. 集体训练方法

由两个或两个以上的人组成训练小组，包括以下几项训练：

（1）空中单杠训练。

a. 器材与训练要求

离地 7 米高的一根直径 4 厘米、长 1 米的单杠。让小组成员站在离地

5米高的木板上，跃起抓前方一臂以外空中的单杠。只要敢于跃出去，不论是否抓住，都是满分。注意要设置好保护措施。

b. 训练目的

这是在心理上进行自我挑战，能否完成并不取决于体能，关键在于能否战胜自我。因为在社会上，对于如何生存，如何战胜困难，更多的时候不是有人强迫你、指导你，而是靠自己的意志去指导自己的行为。因此，这个训练要独立完成。

c. 训练方式

每个成员依次上去，由教练系好安全带，并实事求是地告诉他，绝对安全。教练可以引导，但不可以强迫。可以暗示前方是人生的目标，如何选择靠自己。不规定时间，只要最终敢于迈出去，是否抓住单杠，都按100分计。但要注意高血压、心脏病患者不宜参加。

（2）断桥训练。

a. 器材与训练要求

离地9.4米高的宽30厘米、长1米的木板，小组成员依次上去，跃向对面1米宽的木板，中间距离1.1米。这个训练也不是体能训练，因为在地上做任何人都可以跃过去的，只要能在心态上战胜自己，就可以跃出去，不论是否落在木板上，皆可以得满分。

b. 训练目的

本来是每个人都可以做到的事，但由于离开地面，环境的差异使人的潜意识里产生对自己的怀疑、担心，这个训练就是要在潜意识里强化相信自己的意识，敢于去做，即使失败，也要失败在实践之后，而不应在没实践之前就自己打败自己。因此，这个训练也要独立、自觉完成。

c. 训练方式

每个成员依次上去，由教练系好安全带，并告诉他绝对安全，不会出事。教练可以进行必要的语言引导，但不能施加任何压力。不规定作业时间，只要最终自觉地迈出去，不论是否踏在对面板上，皆为满分。但要注意，高血压、心脏病患者不宜参加。

（3）过"缅甸桥"训练。

a. 器材与训练要求

三条绳索悬在空中组成绳桥，脚踩一根，手抓两根，有保险绳，别人帮助系好保险绳。离地面距离4米，长度10米。

b. 训练目的

这是心态与技巧并重的训练，体能上任何一个人都能完成，心态上可能有的人不相信自己，胆怯；技巧上可能有的人掌握不了，因为三条绳子都是软的。

c. 训练方式

小组成员依次上去，由教练系好安全带，并告之绝对安全。成员凭自觉，不受时间限制，只要走过去即得满分。

除了上面介绍的三个训练项目外，组织野外长途行军、爬山、跑跳以及举办在挫折中奋起的故事会演讲等也是很好的集体训练方法。

2. 自我训练方法

（1）根据自身的特点，写出个人提高体能的训练计划，并逐步付诸行动。

（2）每天早晨坚持体育锻炼。

（3）制订计划克服自身存在的惰性。

（4）每天早晨在镜子前激励自己，肯定已取得的成绩。

（5）进行几次开发市场行动，碰的钉子越多越好。

（6）每当别人说某事难以做到时，一定亲自试一试。

（7）寻找一句格言作为激励自己的座右铭。

想得到他人的认可，自己先要变得强而有力。也许生活有缺陷，但生活却是给人们同样的机会。在坎坷的路途上，坚强勇敢地抓住机会，然后充满信心和勇气去争取，就会战胜自身的缺陷，在生命的困顿中出人头地，成为一个把苦难打倒的坚韧之人。

正视挫折，战胜自我

在现实社会中生活，谁都会遇到挫折，挫折感是在你的某种需要得不到满足时的一种紧张情绪状态。假若挫折感过于强烈，或时间过久，超过个体的承受能力，就会引起情绪紊乱，心理失衡而导致疾病发生。但是，如果我们熬过了这段情绪困顿期，生活的色彩又会重新展现。

在宾夕法尼亚州的匹兹堡有一个女人，她已经35岁了，过着平静、舒适的中产阶级的家庭生活。但是，她突然连遭四重厄运的打击。丈夫在一次事故中丧生，留下两个小孩；没过多久，一个女儿被烤面包的油脂烫伤了脸，医生告诉她孩子脸上的伤疤终生难消；她在一家小商店找了份工作，可没过多久，这家商店就关门倒闭了；丈夫给她留下了一份小额保险，但是她耽误了最后一次保费的续交期，因此保险公司拒绝支付保费。

碰到一连串不幸事件后，这个女人近于绝望。她左思右想，为了走出困境，她决定再进行一次努力，尽力拿到保险补偿。在此之前，她一直与保险公司的下级员工打交道。当她想面见经理时，一位接待员告诉她经理出去了。她站在办公室门口无所适从，就在这时，接待员离开了办公桌，机遇来了。她毫不犹豫地走进里面的办公室，不出意料，她看见经理独自一人坐在那里。经理很有礼貌地问候了她。她受到了鼓励，沉着镇静地讲述了索赔时碰到的难题。经理派人取来她的档案，经过再三思索，决定应当以德为先，给予赔偿，虽然从法律上讲公司没有承担赔偿的义务。工作人员按照经理的决定为她办了赔偿手续。

但是，由此引发的好运并没有到此中止。年轻有为的经理尚未结婚，对这位年轻寡妇一见倾心。他给她打了电话，几星期后，他为这位寡妇推荐了一位医生，医生把她的女儿脸上的伤疤清除干净；经理通过在一家大百货公司工作的朋友给这位寡妇安排了一份工作，这份工作比以前那份工作好多了。不久，经理向她求婚。几个月后，他们结为夫妻，而且婚姻生活相当美满。

这个女人克服了种种挫折，最后迎来了生活的阳光。当然，她并不是没有经历过情绪的困顿期，但是在这个过程中，她没有持续消沉，而是勇敢地走了出来。

受挫后的情绪失衡，不仅影响人的工作、生活，还严重影响身心健康。长久的情绪失衡，不仅会引起各种疾病，甚至能使人丧生。为了避免受挫后消极心理的产生，提供如下几种调节方法：

1. 找个知心的朋友聊聊天，诉诉苦

倾诉法是近年来心理医学比较提倡的一种治疗情绪失衡的方法。受挫后如果把失望焦虑的情绪封锁在心里，会凝聚成一种失控力，它可能摧毁肌体的正常机能，导致体内毒素滋生。适度倾诉，可以将失控力随着语言的倾诉逐步转化出去。

2. 多看看自己的优势

受挫后有时很难找到适当的倾诉对象，这时便需要自己设法平衡心理。优势比较法要求去想那些比自己受挫更大、困难更多、处境更差的人。通过比较，将自己的失控情绪逐步转化为平心静气。另外，还可以寻找自己没有受挫的方面，即找出自己的优势点，强化优势感，从而增强挫折承受力。

3. 重新确立目标

挫折干扰了原有的生活，打破了原有的目标，需要重新寻找一个方向，确立一个新的目标。目标的确立，需要分析思考，这是一个将消极心理转向理智思索的过程。目标一旦确立，犹如心中点亮了一盏明灯，就会生出调节和支配自己新行动的信念和意志力，并采取行动。

4.先实现小目标，提高信心

在面临挫折之后，人需要一点成功来激发自己的正面情绪。这时候就可以为自己设立一个较小的目标，然后去努力完成，在受到自我和他人肯定之后，上一次挫折的阴影一定会消除大半。所以不要小看一次小的成功带来的价值，它们同样能帮你走出挫折带来的情绪阴影。

经受挫折是在所难免的，重要的不是绝对避免挫折，而是要在面对挫折时采取积极进取的态度。若经历每次挫折之后都能有所"领悟"，把每一次挫折都当作成功的前奏，就能化消极为积极。作为一个现代人，应当具有迎接挫折的心理准备。世界充满了成功的机遇，也充满了失败的风险，要树立持久心，不断提高应对挫折与干扰的能力。

获得"逆境情商"的能量

人生的际遇有两种，一种是顺境，一种是逆境。在顺境中顺流而下，抓牢机会，或许每个人都能够做到，但面对逆境，许多人却纷纷败退，在逆流中舟沉人亡。善于掌控情绪往往能穿越逆境，有所成就。

我们不妨换个思路：逆境，就是危险中的顺境。事实上，世界上任何危机都孕育着机会，且危机愈重商机愈大。洛克希德-马丁公司前任CEO奥古斯丁认为：每一次危机本身既包含着导致失败的根源，也孕育着成功的机会。在逆境之中，一个人要善于把自己最脆弱的部分转化为最强大的优势，这样才能为自己开拓人生的新局面。

美国人沃尔特·迪士尼，年轻的时候是一位画家，但他很孤独，因为他是一个贫困潦倒无人赏识的画家。几经周折，他终于找到了一份工作，替教堂作画。

当时，他借用了一间废弃的车库作为临时办公室。可事情并没有如他期望的那样，命运没有出现一丝转机。微薄的报酬入不敷出，他一直生活在逆境中，没有生机。

更令他心烦的是，每次熄灯后，一只老鼠就吱吱叫个不停。他想拉开灯赶走那只讨厌的老鼠，但疲倦的身心让他干什么都没劲，所以他只好听之任之了。反正是失眠，他就去听老鼠的叫声，他甚至能听到它在自己床边的跳跃声。他习惯了在孤独的午夜有一只老鼠与自己默默相伴。

后来不只在夜里，白天小老鼠偶尔也会大摇大摆地从他的脚下走过，得意忘形地在不远处做着各种动作。小老鼠使他的工作室有了生机。它成了他的朋友，他则成了它的观众，彼此相依为命。

那是一个与平常一样的漫漫长夜，他突然听到一声"吱吱"，那是老鼠的叫声。这一刻，灵光一现，他拉开了灯，支起画架，画出了一只老鼠的轮廓。

美国最著名的动物卡通形象——米老鼠就这样诞生了。

迪士尼经历了许多挫折之后，终于把逆境变为顺境，当然帮助他走出逆境的并不是那只老鼠，而是他自己。

逆境是一柄双刃剑，它能将弱者一剑削平，从此倒下，但同时它也能够让强者更强，练就出色而几近完美的人格。在不屈的人面前，苦难会化为一种礼物，一种人格上的成熟与伟岸，一种意志上的顽强和坚韧，一种对人生和生活的深刻的认识。

所以，有的时候缺点不一定是件坏事，如果情绪把控得好，就能把缺点转化为优点。人生也是如此，我们处在逆境的时候，千万不要逃避，而是要勇敢地面对，这样逆境就会变成顺境。

在历史上，一帆风顺的成功者是很少的，更多的成功者都是在逆境中磨炼自己的逆境情商，积极探索前进的道路。高尔基曾在老板的皮鞭下，在敌人的明枪暗箭中，在饥饿和残废的威胁下坚持读书、写作，终于成为世界文豪；富兰克林在贫困中奋发自学，刻苦钻研，进取不息，成为近代电学的奠基人。可见，情绪掌控高手或是煎熬于生活苦海，或是挣扎于传统偏见，或是奋发于先天落后，或是奋发于失败之中，他们最终得以成功的秘诀在于朝着预定的目标，砥砺于各种难以想象的逆境之中，勇于奋战，知难而上，终于成为淬火之钢、经霜之梅。

史泰龙在未成名以前十分落魄，连房子都租不起，晚上只好睡在甲壳虫车里。当时，他立志要当一名演员，并自信满满地到纽约电影公司应聘，但都因外貌平平及咬字不清而遭拒绝。在被拒绝了1500次之后，有天晚上，他意外地看了一场电视直播的拳赛，由拳王阿里对一位名不见经传的拳击手查克·威普勒。这个威普勒在阿里的铁拳下居然支撑了15个回合。拳赛一结束，史泰龙立刻找到了创作新剧本的灵感。然后他用了3天时间写就了一个剧本《洛奇》：一个叫洛奇的业余选手，由于偶然的机会与世界拳王对抗而一战成名。

在他的努力下，终于有人愿意出钱买他的剧本了。这时，他身上只剩40元现金了，非常需要钱。可是当他听到电影公司不同意由他来主演的时候他生气了。他第一次拒绝了别人。

一些精明的制片人很看好这个剧本，但史泰龙坚持自己当主角，这一要求令制片商们犹疑不定。很多机会也因此与他擦肩而过了。然而皇天不负有心人，几经辗转，经历1855次拒绝以后，史泰龙终于找到了一个支持者，他如愿以偿。

片子以很低的成本在一个月内就拍完了。谁也没想到，《洛奇》成了好莱坞电影史上一匹最大的黑马：在1976年，这部影片票房突破2.25亿美元，并夺走了奥斯卡最佳影片与最佳导演奖，史泰龙获得最佳男主角与最佳编剧提名。在颁奖仪式上，著名导演兼制片人弗朗西斯·科波拉由衷地赞叹道："我真希望这部电影是我拍的。"史泰龙也因此一炮打响，成为超级巨星。

不敢穿过黑夜的人，永远见不到黎明。当你面对失败时，是积蓄力量等待下次的迸发，还是就此放弃？其实每个人的面前都有一根栏杆，它就如同横在我们生活中的困难，只有不停地去尝试、冲刺，你才有可能战胜它。你能面对1855次拒绝仍不被负面情绪打倒吗？史泰龙能做到，他能做到别人做不到的事，所以他能成功。

生活中总避免不了许多困难与不幸，但有些时候，它们并不都是坏事。平静、安逸、舒适的生活，往往使人安于现状，耽于享受；而挫折和磨难，却能使人受到磨炼和考验，变得坚强起来。"自古雄才多磨难，从来纨绔少伟男"，痛苦和磨难，不仅会把我们磨炼得更坚强，而且能扩大我们对生活的认识的广度和深度，使自己在处理情绪问题时更加成熟。逆境永远怕那些有心人。

对梦想锲而不舍

那些被历史铭记的人之所以伟大，是因为他们都有一个共同点，那就是对梦想的锲而不舍，对成功的执着追求。

一个人取得的成就和他为之付出的努力是分不开的，只要我们肯坚守梦想，我们也一定能够成为一个卓越的人。

达尔文的父亲是一位著名的医生，他希望自己的儿子能继承自己的事业，也当一名医生，可是达尔文无心学医，进入医科大学后，他成天去收集动植物标本，父亲对他无可奈何，又把他送进神学院，希望他将来当一名牧师。然而，达尔文的兴趣也不在牧师上，达尔文有他自己的理想，他9岁的时候就对父亲说："我想世界上肯定还有许多未被人们发现的奥秘，我将来要周游世界，进行实地考察。"为此，达尔文一直在积极准备。为了有利于自己观察和收集动植物标本，达尔文抛弃了事务轻闲的工作。经过五年的环游旅行，达尔文在动植物和地质等方面进行了大量的观察和采集，回国后又做了近20年的实验，终于在1859年出版了震动当时学术界的《物种起源》一书，它以全新的进化思想推翻了神创论和物种不变论，把生物学建立在科学的基础上，提出震惊世界的论断：生命只有一个祖先，生物是从简单到复杂，从低级到高级逐渐发展而来的。

达尔文从小就为自己树立了坚定的目标，尽管在通往梦想的路上一再碰到阻碍，但是他没有放弃，终于，通过自己坚持不懈的努力，他实现了自己的梦想，并且取得了伟大的成就。

梦想是自己的，不要因为碰到一些挫折，就垂头丧气，让不好的情绪左右了自己的信念，这样，只会一事无成。

有一个叫布罗迪的英国教师，在整理阁楼上的旧物时，发现了一沓作文本。作文本上是一个幼儿园的31位孩子在50年前写的作文，题目叫《未来我是……》。

布罗迪随手翻了几本，很快便被孩子们千奇百怪的自我设计迷住了。比如，有个叫彼得的小家伙说自己是未来的海军大臣，因为有一次他在海里游泳，喝了三升海水而没被淹死；还有一个说，自己将来必定是法国总统，因为他能背出25个法国城市的名字；最让人称奇的是一个叫戴维的盲童，他认为，将来他肯定是英国内阁大臣，因为英国至今还没有一个盲人进入内阁。总之，31个孩子都在作文中描绘了自己的未来。

布罗迪读着这些作文，突然有一种冲动：何不把这些作文本重新发到他们手中，让他们看看现在的自己是否实现了50年前的梦想。

当地一家报纸得知他的这一想法后，为他刊登了一则启事。没几天，书信便向布罗迪飞来。其中有商人、学者及政府官员，更多的是没有身份的人……他们都很想知道自己儿时的梦想，并希望得到那作文本。布罗迪按地址一一给寄了去。

一年后，布罗迪手里只剩下戴维的作文本没人索要。他想，这人也许死了，毕竟50年了，50年间是什么事都可能发生的。

就在布罗迪准备把这本子送给一家私人收藏馆时，他收到了英国内阁教育大臣布伦克特的一封信。信中说："那个叫戴维的人就是我，感谢您还为我保存着儿时的梦想。不过我已不需要那本子了，因为从那时起，那个梦想就一直在我脑子里，从未放弃过。五十年过去了，我已经实现了那个梦想。今天，我想通过这封信告诉其他30位同学：只要不让年轻时美丽的梦想随岁月飘逝，成功总有一天会出现在你眼前。"

布伦克特的这封信后来被发表在《太阳报》上。他作为英国第一位盲人大臣，用自己的行动证明了一个真理。假如谁能为三岁时想当总统的愿望执着地努力奋斗50年，那么他现在一定已经是总统了。

当年迪士尼为了实现建立"地球最欢乐之地"的美梦，四处向银行融资，可是被拒绝了302次之多，每家银行都认为他的想法怪异。其实并不然，他有远见，尤其是决心实现梦想。

今天，每年都有上百万游客享受到前所未有的"迪士尼欢乐"，这全都出于一个人的决心——这就是坚持梦想的人生。

类似的故事还有很多很多。无一例外，它们都告诉我们：要完成既定的梦想就必须坚持，坚持，再坚持。没有锲而不舍坚持到底的精神，就很难收获成功。

培养战胜挫折的意志

人的一生不可能一帆风顺，总会存在着这样或者那样的挫折和困难。很多人在面对挫折与困难时丧失了挑战的勇气，从此甘于平庸；而有些人则凭着自己顽强不屈的性格勇敢地挑战挫折和困难，并最终取得了胜利。

25岁的小袁从某名牌大学毕业后到某外资公司工作，与公司女职员小莉一见钟情。但同居两周后小莉毅然离去，留给小袁的是一腔的惆怅和烦恼。平素爱说笑的他变得沉默寡言，开始失眠，情绪消沉，一天到晚昏昏沉沉，人变得越来越消瘦，终日兴味索然。他开始怀疑生活的意义，感到自己是这个世界上多余的人。他终日唉声叹气，口口声声"连累了父母，还不如死了好"。

小袁是由于恋爱遭受挫折而产生了消沉心理。消沉是指心灰意冷、沮丧颓唐的消极情绪。通常在以下几种情景中产生：一种是追求的目标脱离实际，看不到现实生活的复杂，由于力不从心而最后失败，消沉心理油然而生；一种是意志薄弱，遇到挫折就灰心失望，觉得命运总跟自己作对，处处不顺心、事事不如意，于是就显得精神委靡。

1899年7月21日，海明威出生于美国伊利诺伊州芝加哥市郊的橡树园镇，他10岁开始写诗，17岁时发表了他的小说《马尼托的判断》。上高中期间，海明威在学校周刊上发表作品。14岁时，他曾学习过拳击，第一次训练，海明威被打得满脸鲜血，躺倒在地。但第二天，海明威还是裹着纱布来了。20个月之后，海明威在一次训练中被击中头部，伤了左眼，这只眼的视力再也没有恢复。

1918年5月，海明威志愿加入赴欧洲红十字会救护队，在车队当司机，被授予中尉军衔。7月初的一天夜里，他的头部、胸部、上肢、下肢都被炸成重伤，人们把他送进野战医院。他的膝盖被打碎了，身上中的炮弹片和机枪弹头多达230余片。他一共做了13次手术，换上了一块白金做的膝盖骨。有些弹片没有取出来，直到去世都留在体内。他在医院躺了3个多月，接受了意大利政府颁发的勇敢勋章，这一年他刚满19岁。

日本偷袭珍珠港后，海明威参加了海军，他以自己独特的方式参战，他改装了自己的游艇，配备了电台、机枪和几百磅炸药，他在古巴北部海面搜索德国的潜艇。1944年，他随美军在法国北部诺曼底登陆。他率领法国游击队深入敌占区，获取大量情报，并因此获得一枚铜质勋章。

记住莎士比亚曾经写下的一句话："当太阳下山时，每个灵魂都会再度诞生。"再度诞生就是你把失败抛到脑后的机会。每一次的逆境、挫折、失败以及不愉快的经历，都隐藏着成功的契机，而不是增加你消沉的机会。

成功者并不一定都具有超常的智能，命运之神也不会给予他特殊的照顾。相反，几乎所有成功的人都经历过坎坷，都是命运多舛，而他们是从不幸的逆境中愤然前行。其关键在于成功的人有着顽强拼搏的性格，而不是甘心被消沉的情绪所左右。这种顽强的精神让他们在困难和挫折面前不会消沉、不会堕落，反而让他们越挫越勇，最后成为"真的猛士"，并在历经艰难险阻、风风雨雨后收获了一片属于自己的天地。

学会转移情绪

在生活中，我们不能改变的东西有很多很多，但我们可以转变自己的心境，多往好的一面想，心情也就自然放松许多。在心理诊所的情绪治疗过程中，医生们发现了一个现象：

一些情绪压抑过久的人，往往会采用啃咬手指的办法来减轻紧张情绪或者压力。有一些患者很为此担心，他们在公共场合或者比较严肃庄重的场合还会忍不住咬自己的手指，怎样改变这种现象呢？

后来心理专家们就用了这样一个办法：在患者的手指上缠了很多圈的细线，这样，每当他们情绪紧张想咬手指的时候，就必须要慢慢地解下手指上的细线，但解完细线之后，通常患者就不会再想咬手指了。

细线有这么大的作用吗？其实不是细线的作用，而是解开细线的动作产生了巨大的作用。在解开细线的过程中，紧张的情绪就在这短短的时间里得到了缓解。其实情绪正是这样，它只是需要一个转移的时间，就可以得到完全的解脱。

马太·亨利是一个非常有名的宗教人士，有一天，他在传教的路上遇到了一伙强盗，被洗劫一空。

这一天，他在日记中写道：

真的要感谢上帝，我真的是太幸运了。

1. 我在此之前竟然从没有遇到过类似不幸的事情。
2. 强盗只是抢走了我的钱，我的生命安然无恙。
3. 况且他们并没有抢去我所有的财产。
4. 是他们抢我的钱，而不是我抢他们的钱。

在被抢之后能想出这么多自我安慰的理由，亨利真不愧是一个情绪转向的高手，结果是亨利的心情并没有遭到这次遭遇的影响。

马太·亨利的日记本就是转移情绪的最佳例子。事实上，我们的不良情绪是因为"死钻牛角尖"造成的。如果我们能适时地把视线转移到别的地方去，就会发现原来天空是如此地开阔，生活中充满了乐趣。这种通过一定的方法和措施转移人的情绪，以解脱不良情绪刺激的方法在心理学上就被称为"移情法"。

明智的人会接受感觉不可避免的更迭。所以，当他们感到沮丧、生气或紧张时，他们也用同样的开阔和智慧来对待。他们不但没有因为感觉不好就对抗这些情绪，或感到恐慌，反而自在地接纳了这些情绪，知道这些终会过去。他们不但没有跌跌撞撞地对抗这些情绪，反而优雅地接纳了它们。这种做法让他们可以温和而优雅地离开负面情绪，进入心灵的正面状态。情绪的转向归根到底要取决于产生情绪的行为、态度的转变，只有你这些先转变了，作为它们产物的情绪才会转变。所以，要记住：有话好好说。

遗憾的是，我们中的许多人常常过多地把他们的注意力、精力放在那些使他们痛苦不堪的思想上，以致情绪总是郁郁不振。当然，我们之间也有很多情商很高的人，他们虽然也会犯错误，但他们的高明之处就在于不拘泥于已有的事实，而把目光投向如何解决、如何改善现状这些有建设性的目标上，所以他们的情绪相对而言都较稳定、积极。

爱默生说："每一种挫折或不利的突变，都带着同样或较大的有利的种子。"情绪的不稳定性决定了情绪的到来往往会使我们感到十分地意外，但是也会很容易转移出去，只要我们找到一个恰当的转移点。

有一名矿工在塌方的矿井下待了八天后被人们救了上来。与他一同被困的五个同伴都没有他的处境艰难，却都没有生存下来。

其实这名生还的矿工并不知道自己在矿井里待了多久。他后来回忆说，当时发现塌方，心中十分慌乱、绝望，但他很快控制住情绪，安慰自己说："不要紧，井上面的人肯定会下来救助我们。"正好那天他很累，就躺在木板上睡觉。醒来后，他在坑道里来回走动，仔细听有没有外面传来的声音。

这样的情形不知过了多长时间，除了水滴声，坑道里静得出奇。他毫无办法，就唱歌给自己听，然后给自己鼓掌喝彩。唱累了，他又躺在木板上睡觉，幻想着他喜欢的女子、爱吃的食物，希望能在梦中看见这些。

再次醒来时，他又竖起耳朵听，渐渐地，一些他盼望中的声音出现了，他喜悦地向发出声音的地方跑去，大喊大叫，希望引起注意。但是，这些声音有点儿怪，只要他想念什么声音，那边很快就能出现同样的声音。原来是回声……

他一直在与自己的内心作斗争。为了控制住自己的情绪，他坚持在坑道里玩射击游戏——将一片木板插在壁上，然后在黑暗中向它扔煤块，如果听到"啪"的一声，就是打中了。他规定自己：只有打中一百次才允许睡觉。

他不知道多长时间没吃饭了，口袋里有个拳头大的糯米团是他的寄托。他每次都是数着米粒吃它，目前已经吃了367粒。他在回忆时说："坑道里有水，口袋里有糯米团，更重要的是，我坚信人们会来救我，我绝不能害怕，绝不能发疯，绝不能自杀，我一定要控制住自己……"他是在梦中听见响动的，然后他就看见洞口射进刺眼的光芒。他紧紧地捂住眼睛，但仍然感觉光是那么强。当他确信自己得救时，一下子就软了……

这名矿工走出困境的事迹是让人感动的。同时，它也告诉我们，当我们身处困境时，仅有外界的救助是不够的，重要的还有我们的自救。我们虽无法控制灾难，但我们能控制自己。从某种意义上看，人是通过控制自己，才控制了他的整个世界。

有一位讲师在压力管理的课堂上拿起一杯水，然后问听众："各位认为这杯水有多重？"有的说200克，有的说500克……

讲师说："这杯水的重量并不重要，重要的是你能拿多久。拿一分钟，各位一定觉得没有问题；拿一个小时，可能觉得手酸；拿一天，可能得叫救护车了，其实这杯水的重量是不会变化的，但是你若拿得越久就觉得越重。

这就像我们承担着压力一样，如果我们一直把压力放在身上，不管时间长短，到最后我们就觉得压力越来越沉重而无法承担。我们必须做的是：

放下这杯水休息一下后再拿起这杯水，如此我们才能够拿得更久。

所以，各位应该将承担的压力于一段时间后适时地放下并好好休息一下，然后再重新拿起来，如此可承担得更久远。"

诱导积极情绪，对抗挫折

在日常生活工作中，我们常会看到有的人一遇到挫折不顺，就表现出或沮丧、消沉，或愤怒难遏……这些都是心理资源不足的情况。当代积极心理学研究为我们寻找到了一条有效的而且是最重要的心理资源恢复途径——诱导积极情绪。

诱导积极情绪可以扩建认知领域的功能，扩展注意的范围和思维的多面性和深刻性，改善对挫折、失败的认知，提高抵抗压力和逆境能力，以及从消极状态中恢复的能力；还能扩建个体的生理资源；此外，诱导积极情绪能增加人们对陌生人的亲切感和和蔼感，同时也可以增加其对熟悉人的信任感；甚至还能扩建积极品质，诱导和增加乐观主义、宁静、自我恢复能力等一些与心理健康相关的品质的形成。

我们先来说说什么是积极情绪，积极情绪是对有机体起振奋作用，对人体的生命活动起极好作用的一种情绪。它能为人们的神经系统增添新的力量，能充分发挥有机体的潜能，提高脑力和体力劳动的效率和耐久力。积极情绪往往由责任感、事业心、期望、奋斗目标、荣誉感等刺激而产生。因此，保持积极情绪的方法，就是应尽快使自己具有责任感、荣誉感、事业心，有近期和长远的奋斗目标，并坚持不懈地为实现既定目标去拼搏和奋斗。研究表明，积极情绪可使血液中肾上腺素增加，而这种激素是动员有机体力量的原动机，从而使奋斗者更有力量去达到自己的目的，所以说积极情绪是保持心理健康的重要条件与标志。

生活中我们总喜欢与乐观的人相处，因为他们带给人愉快和活力。说到乐观主义，体现在人们身上就是乐观主义者，乐观主义者就是总是相信自己有足够的行为能力来承受和减弱原有负向价值对于自己的不良影响，并使原有正向价值发挥更大的积极效应，因此他只关心事物的正向价值，而不关心事物的负向价值，并把最大正向价值作为其行为方案的选择标准，这种人容易看到事物好的一面，不容易看到事物坏的一面。

最后我们要了解的是什么是积极品质，看看我们自己身上都存在哪些优秀的积极品质，我们在保持这些积极品质的同时又需要发展什么其他的积极品质，让我们的生活和工作更加美好。

改善情绪的七种积极品质是：

1. 时刻记录自己的幸福感。

2. 和谐，是内心的和谐。所谓的内心和谐就是指我们对事物的看法，对事物的认识，对自己眼前的处境，对将来追求的目标，还有现在所能够做的，这各个方面的事情之间能够达到协调。

3. 自尊感。所谓的自尊感，简单讲就是自己喜欢自己。作为一个心理健康的人，很重要的品质就是能够喜欢自己。

4. 个人的成熟，是指在处理自己的问题，人际关系，环境的要求，工作的要求，处理家庭、同事、朋友之间的关系的时候能够非常得体。

5. 人格的完整。

6. 与环境保持良好的接触。

7. 有效地适应环境。

人生是无常的，有的时候缺点不一定是件坏事，如果引导得好，就能把缺点转化为优点。人生也是如此，我们在逆境的时候，千万不要逃避，而应勇敢地面对，这样逆境就会变成顺境了。其实，人生的际遇不外乎两种，一种是顺境，一种是逆境，在顺境中顺流而下，或许每个人都能够做到；但面对逆境，许多人却纷纷败退。高情商的人往往能穿越逆境有所成就。

战胜挫折，激发进取心

巴尔扎克说："挫折和不幸，是天才的晋身之阶，信徒的洗礼之水，能人的无价之宝，弱者的无底深渊。"生活中的失败挫折既有不可避免的一面，又有正向和负向功能。既可使人走向成熟、取得成就，也可能破坏个人的前途，关键在于你怎样面对挫折。

在开始做事的时候往往便给自己留着一条后路，作为遭遇困难时的退路。这样怎么能够成就伟大的事业呢？破釜沉舟的军队，才能决战制胜。同样，一个人无论做什么事，必须抱着绝无退路，勇往直前的进取心，才会在遇到任何困难和障碍时，都不会产生后退的念头。如果立志不坚，时时准备知难而退，那就绝不会有成功的一日。

人生的成败，决定于意志力的强弱。具有坚强意志力的人，遇到任何艰难障碍，都能克服困难，消除障碍。但意志薄弱的人，一遇到挫折，便思退求缩，最终归于失败。实际生活中有许多青年，他们很希望上进，但是意志薄弱，没有坚强的决心，不抱着破釜沉舟的信念，一遇挫折，立即后退，所以终遭失败。

一旦下了决心，不留后路，竭尽全力，向前进取，那么即使遇到千万困难，也不会退缩。一个人有了决心，方能克服种种艰难，去获得胜利，这样才能得到人们的敬仰。所以，有决心的人，必定是个最终的胜利者。有强大的进取心做后盾，我们才能充分发挥才智，从而在事业上作出伟大的成就。

巴拉昂是一位年轻的媒体大亨，以推销装饰肖像画起家，在不到10年的时间里迅速跻身于法国50大富豪之列，1998年因前列腺癌在法国博比尼医院去世。临终前，他留下遗嘱，把他46亿法郎的股份捐献给博比尼医院用于前列腺癌的研究，另有100万作为奖金，奖给揭开穷人之谜的人。他已经将答案锁进保险箱，将来猜中答案的人，就可以拿到奖金。

穷人最缺少的是什么？巴拉昂逝世周年纪念日，律师和代理人按巴拉昂生前的交代在公证部门的监视下打开了那只保险箱，揭开了谜底：穷人最缺少的是进取心，那不满足现状的进取心。

进取心，就是不愿在现状里沉睡，而是志向远大，努力向上，胸怀追求成就的动机；进取心，就是不知足，就是不满足于现状的信念；进取心，就是一种极强的自信心。进取者的处世态度是："天生我材必有用"，坚信自己，相信自己能有所作为，能达到自己所设定的目标。

人生难免会遇到挫折，没有经历过失败的人生不是完整的人生。没有河床的冲刷，便没有钻石的璀璨；没有挫折的考验，也便没有不屈的人格。正因为有挫折，才有勇士与懦夫之分。

对待挫折必须面对现实，不能逃避，也不能退缩。最为重要的是，在挫折面前保持清醒的头脑，客观冷静地对待这一真实的存在。

挫折干扰了自己原有的生活，打破了自己原有的目标，需要重新寻找一个方向，确立一个新的目标，这就是目标法。目标的确立，需要分析思考，这是一个将消极心理转向理智思索的过程。目标一旦确立，犹如心中点亮了一盏明灯，人就会生出调节和支配自己新行动的信念和意志力，去努力进行达到目标的行动。目标的确立是人内部意识向外部动作转化的中介，是主观见之于客观认识向实践飞跃的起始阶段。目标的确立标志着人已经开始了下一步争取新的成功的历程。目标法既可以抑制和阻止人们不符合目标的心理和行动，又可以激发和推动人们去从事达到目标所必需的行动，从而鼓起人们战胜困难的勇气。

第五章 停止抱怨：承认『不公平』是世界的一部分

消除抱怨，让心情更美好

幸福是一种感觉，虽然有外在的因素，但更多地取决于自己的内心。

一位少妇，回家向母亲倾诉，说婚姻很是糟糕，丈夫既没有很多的钱，也没有好的职业，生活总是周而复始，单调无味。母亲笑着问，你们在一起的时间多吗？女儿说，太多了。母亲说，当年，你父亲上战场，我每日期盼的，是他能早日从战场上凯旋，与他整日厮守，可惜——他在一次战斗中牺牲了，再也没有能够回来，我真羡慕你们能够朝夕相处。母亲沧桑的老泪一滴滴掉下来，渐渐地，女儿仿佛明白了什么。

不要等失去了，才想到他的珍贵，我们总是会犯这样的错误，对自己拥有的不好好珍惜。

一群男青年，在餐桌上谈起自己的老婆，说总是管束得太严，几乎失去了自由，边说边有大丈夫的凛然正气，狂饮如牛，扬言回家要和老婆怎么怎么斗争。

邻桌的一位老叟默默地听了，起身向他们敬酒，问："你们的夫人都是本分人吗？"男青年们点头。老叟叹了一口气："说，我爱人当年对我也是管得太死，我愤然离婚，以至于她后来抑郁而终，如果有机会，我多希望能当面向她道一次歉，请求她时时刻刻地看管着我，小伙子，好好珍惜缘分呀！"男青年们望着神色黯然的老叟，沉默不语，若有所悟。

一位干部，因为人员分流，从领导岗位上退了下来，一时间委靡不振，判若两人。妻子劝慰他，仕途难道是人生的最大追求吗？你至少还有学历还有专业技术呀，你还可以重新开始你的新的事业呀，你一直是个善待生活的人，我们并不会因为你做不做领导而对你另眼相待，在我的眼里，你还是我的丈夫，还是孩子的父亲，我告诉你亲爱的，我现在甚至比以前更加爱你。丈夫望着妻子，久久不语，眼里闪烁着晶莹的光泽。

一位盲人，在剧院欣赏一场音乐会，交响乐时而凝重低缓，时而明快热烈，时而浓云蔽日，时而云开雾散，盲人惊喜地拉着身边的人说："我看见了，看见了山川，看见了花草，看见了光明的世界和七彩的人生……"

一个失聪的孩子，在画展上看到一幅幅作品，他仔细地看着，目不转睛，神情专注，忽然转身，微笑着大声地对旁边的父母说："我听到了，听到了小鸟在歌唱，听到了瀑布的轰鸣，还有风儿呼啸的声音……"

一位病人，医生郑重地告诉他，手术成功，化验结果出来了，从他腹腔内摘除的肿瘤只是一般的良性肿瘤，经过一段时间的疗养便可康复出院，并不危及生命。他顿时满面春风，双目有神，紧紧地握着医生的手，激动地说："谢谢，谢谢，是你们给了我第二次生命……"

幸福在哪里？带着这样的问题，芸芸众生，茫茫人海，我们在努力寻找答案。其实，幸福是一个多元化的命题，我们在追求着幸福，幸福也时刻地伴随着我们。只不过，很多时候，我们身处幸福的山中，在远近高低的角度看到的总是别人的幸福风景，总是处于无休止的抱怨中，往往没有悉心感受自己所拥有的幸福天地。

日常生活中，常有父母抱怨孩子们不听话，孩子们抱怨父母不理解他们，男朋友抱怨女朋友不够温柔，女孩子抱怨男孩子不够体贴；工作中，也常出现领导埋怨下级工作不得力，而下级埋怨上级不够理解，不能发挥自己的才能。总之，对生活永远是一种抱怨，而不是一种感激。他们只是在意自己没有得到的好处，却不曾想别人付出了多少。

如果一个人不能够经受世界的考验，感受这个世界的美好，心胸只能容得下私利，那他就得不到幸福。父母的养育，师长的教诲，配偶的关爱，他人的服务，大自然的慷慨赐予……你从出生那天起，便沉浸在恩惠的海洋里。只有你真正明白了这些，你才会感恩大自然的福佑，感恩父母的养育，感恩社会的安定，感恩食之香甜、衣之温暖……就连对自己的敌人，也不忘感恩，因为真正促使自己成功，使自己变得机智勇敢、豁达大度的，不是顺境，而是那些常常几乎置自己于死地的打击、挫折和对立面。

放下抱怨，学会感恩，你就能亲吻幸福！

为小事抱怨，你将一事无成

人常常被困在有名和无名的忧烦之中，为此而抱怨。它一旦出现，人生的欢乐便不翼而飞，生活中仿佛再没有了晴朗的天，真是吃饭不香，喝酒没味，工作没劲，事业无心，连游戏也失去意思。这一切，只因为我们陷入了细小的忧烦之中。

吉卜林娶了一个维尔蒙地方的女孩子凯洛琳·巴里斯特，在维尔蒙的布拉陀布罗造了一间很漂亮的房子，在那里定居下来，准备度过他的余生。他的舅爷比提·巴里斯特成了吉卜林最好的朋友，他们两个在一起工作，在一起游戏。

然后，吉卜林从巴里斯特手里买了一点地，事先协议好巴里斯特可以每一季在那块地上割草。有一天，巴里斯特发现吉卜林在那片草地上开了一个花园，他生起气来，暴跳如雷，吉卜林也反唇相讥，弄得维尔蒙绿山上乌烟瘴气。

几天之后，吉卜林骑着的他的脚踏车出去玩的时候，他的舅爷突然驾着一部马车从路的那边转了过来，逼得吉卜林跌下了车子。而吉卜林——这个曾经写过"众人皆醉，你应独醒"的人——却也昏了头，告到法院里去，把巴里斯特抓了起来。接下去是一场很热闹的官司，大城市里的记者都挤到这个小镇上来，新闻传遍了全世界。事情没办法解决，这次争吵使得吉卜林和他的妻子永远离开了他们在美国的家，这一切的忧虑和争吵，只不过为了一件很小的小事：一车干草。

伯里克利在2400年前说过："来吧，各位！我们在小事情上耽搁得太久了。"一点也不错，我们的确是这样的。哈里·爱默生·富司迪曾说过这样一个故事：森林里的一个"巨人"在战争中怎么样得胜、怎么样失败的过程。

"在科罗拉多州长山的山坡上，躺着一棵大树的残躯。自然学家告诉我们，它曾经有四百多年的历史。初发芽的时候，哥伦布刚在美洲登陆；第一批移民到美国来的时候，它才长了一半大。在它漫长的生命里，曾经被闪电击中过14次；四百年来，无数的狂风暴雨侵袭过它，它都能战胜它们。但是在最后，一小队甲虫攻击这棵树，使它倒在地上。那些甲虫从根部往里面咬，渐渐伤了树的元气。虽然它们很小，但持续不断地攻击。这样一个森林里的巨人，岁月不曾使它枯萎，闪电不曾将它击倒，狂风暴雨没有伤着它，却因一小队可以用大拇指跟食指就捏死的小甲虫而终于倒了下来。"

我们岂不都像森林中的那棵身经百战的大树吗？我们也经历过生命中无数狂风暴雨和闪电的打击，但都撑过来了。可是却会让我们的心被微小的小甲虫咬噬——那些用大拇指跟食指就可以捏死的小甲虫。

几年以前，有人有机会去怀俄明州的提顿国家公园游玩。和他一起去的，是怀俄明州公路局局长查尔斯·西费德，还有其他的朋友。他们本来要一起参观洛克菲勒坐落于那公园的一栋房子的，可是朋友坐的那部车子转错了一个弯，迷了路。等到达到那座房子的时候，已经比其他车子晚了一个小时。西费德先生没有开那座大门的钥匙，所以他们在那个又热又有好多蚊子的森林里等了一个小时，等这位迷了路的朋友到达。那里的蚊子

第五章 停止抱怨：承认"不公平"是世界的一部分　083

多得可以让一个圣人都发疯。可是它们没有办法赢过查尔斯·西费德。在等待迷了路的朋友的时候，他拆下一段白杨树枝，做成一根小笛子，当迷路者到达的时候，他不是忙着赶蚊子，而正在吹笛，当作一个纪念，纪念一个知道如何不理会那些小事的人。

解除忧虑与烦恼，记住规则："不要让自己因为一些应该丢开和忘记的小事烦心。"

没错的，生活中小事不断，如果事事烦心，那么我们将没有快乐可言，更不会有时间和精力去做其他的事情，那么到最后，我们可能就因为那些小事而一事无成。

别为失败找借口

生活、工作和学习中，你是否常常看到这样一些借口？

如果上班迟到了，会有"路上堵车""手表慢了"的借口；考试不及格，又会有"出题太偏""复习不到位""题量太大"的借口；工作完不成，则有"工作太繁重"的借口；只要细心去找，借口总是有的，而且以各种各样的形式存在着。

许多人的失败，也是因为这些借口。当我们碰到困难和问题时，只要去找借口，也总是能找到的。不可否认，许多借口也是很有道理的，但是恰恰就是因为这些合理的借口，人们心理上的内疚感才会减轻，汲取的教训也就不会那么深刻，争取成功的愿望就变得不那么强烈，人也就会疏于努力，成功当然与我们擦肩而过了。

仔细想想，很多时候我们的失败不就是与找借口有关吗？不愿意承担责任，处处为自己开脱，或是大肆抱怨、责怪，认为一切都是别人的问题，自己才是受害者……

有一名年轻女子，她常常抱怨自己的母亲如何影响她的一生。原来这个女孩还很小的时候，父亲因病去世，守寡的母亲只得外出工作，以维持生活并教育年幼的女儿。由于这位母亲能干又肯努力，因此后来成为极有成就的女实业家。她细心照护女儿，让女儿受最好的教育，但结果却并不尽如人意。她的女儿把母亲的成功视为自己最大的障碍！

这名可怜的女孩子宣称：自己的童年完全被毁坏了，因为她随时处在一种"与母亲竞争"的生活状况里。她的母亲迷惑不解地说道："我实在不了解这孩子。这么多年来，我一直努力工作，为的就是想给她一个比我更好的机会，创造更好的条件。但实际上，我只是给她增添了一种压力。"

由"不足感"而造成的心理不平衡所引致的抱怨，多数是一个人对所面临的问题欠缺积极应对的心理状态，或愤怒被压抑后的失衡心理状态引发的情绪行为。没有安全感、质疑自己的重要性、不确定自我价值的人，产生抱怨情绪的可能性会相对高一些。他们可能会昭告自己的成就，希望看到听者眼中投射出赞赏的目光；他们也会抱怨自己遭逢的困难，以博取同情或是把它当作借口，以逃避自己向往却没有完成的目标。

这样找借口的人往往把所有问题都归结在别人身上："为什么我没有成功？那是因为工作不好，环境不好，体制不好。""为什么我生活得不好？那是因为家庭不好，朋友不好，同事不好。""为什么我会迟到？那是因为交通拥挤，睡眠不好，闹钟出了问题。"……可以想到，一旦有了"借口"，似乎就可以掩饰所有的过失和错误，就可以逃避一切惩罚。但是，这样不断地找无谓的借口，你永远也不可能改进自己。相反，你不断地找借口，糟糕的结果也就不断地发生，你的生命也就会不断地出现恶性循环。

要知道常常找借口的人是很难获得成功的。你尽可以悲伤、沮丧、失望、满腹牢骚，尽可以每天为自己的失意找到一千一万个借口，但结果是你自己毫无幸福的感受可言。你需要找到方法走向成功，而不要总把失败归于别人或外在的条件。因为成功的人永远在寻找方法，失败的人永远在寻找借口。

"没有任何借口"，让你没有退路，没有选择，让你的心灵时刻承载着巨大的压力去拼搏，去奋斗，置之死地而后生；只有这时，你内在的潜能才会最大限度地发挥出来，成功也会在不远的地方向你招手！

成功的人是不会随便寻找任何借口的，他们会坚毅地完成每一项简单或复杂的任务。一个成功的人就是要确立目标，然后不顾一切地去追求目标，并且充分发挥集体的智慧力量，最终达到目标，取得成功。

别让抱怨成为习惯

琐碎的日常生活中，每天都会有很多事情发生，如果你一直沉溺在已经发生的事情中，不停地抱怨，不断地自责下去，你的心境就会越来越沮丧。只懂得抱怨的人，注定会活在迷离混沌的状态中，看不见前头亮着一片明朗的人生天空。

有时候，人生就是这样的，你坦然面对，却突然发现原来的事情都不算是事儿了。所以要学会控制自己的情绪，跟家人和朋友一起，享受坦然的生活，追逐自然的幸福。

美国小说家邓肯有这样一位朋友：家庭条件很好，但是就有一个使人很不舒服的习惯——爱抱怨。

在邓肯的印象里，他这位朋友好像从来就没有顺心的事，什么时候与他在一起，都会听到他在不停地抱怨。高兴的事他抛在了脑后，不顺心的事他总挂在嘴上。每次见到邓肯就抱怨自己的不如意，结果他把自己搞得很烦躁，同时也把邓肯搞得很不安，邓肯甚至不愿见到他。

你周围有没有这样的朋友？他每天都会有许多不开心的事，他总在不停地抱怨。其实，他所抱怨的事也并不是什么大不了的事，而是一些日常生活中经常发生的小事情。

我们经常会碰到一些人，罗列一堆困难、一堆问题，列完之后把自己给吓住了，然后再往下，做不成了，开始替自己辩解，结果是开始抱怨，抱怨制度、抱怨资源……任何事都是别人的错，任何不利于自己的东西都是他抱怨的对象。

抱怨在职场与婚姻当中都是不太好的习惯，任何人也都不愿意成为一个喜欢抱怨的人，这是在他们按常态去应对某些问题多次并且无效后，对解决问题的对象失去信心但又不甘心的状态下所表达出来的情绪行为。

而当这种情绪、抱怨的行为日复一日地被重复，就会形成惯性。一旦惯性形成，他们对问题的看法就会向消极方向想，解决问题的动力就会变异成阻力。

抱怨的人开始时的动机是希望事情被改变，不一定是想去卸掉自己的责任。但当事情被忽略、被冷冻、被打压之后，就会异变成抱怨。从心理学上讲，说"抱怨的人不希望事情完全改变，他们只是为了卸掉自己的责任罢了"这样的讲法并不客观，他们只是没能抓住解决问题的关键点以使现状能够得到改善。

抱怨是一种习惯性的情绪行为，不要说抱怨是个性。因为一旦被认同是"个性"，就是"我"与生而来的东西，所以"我"不会去改的。这也是抱怨会这么容易像"病毒"一样流行的原因。

我们与其抱怨生活的不如意，倒不如切切实实地为自己寻找多一些的快乐。其实，快乐是心病的一剂良药，离苦得乐，是人最本质的需要。快乐很简单，它与一个人的财富、地位、名气无关，它不需要大量的金钱去支撑，也不需要以名气为后盾，更不需要乌纱帽来提携。相反，快乐只与一个人的内在有关，物质财富的获得可能让人获得快乐，可是处理不当则会成为人生的负累，生活从此远离快乐，永无宁日。别让生活的不如意吞噬掉原本的快乐，淡然一些，才是好的。

删除抱怨，拥抱快乐

生活中有很多人喜欢抱怨，他们抱怨家人、抱怨朋友、抱怨上司、抱怨同事，仿佛只要与他有接触的事或人他都无一例外地抱怨，他们因为这些抱怨每天都在灰暗的心情下度过。其实这些抱怨不仅带给他们自身伤害，还会伤害他人。在抱怨中，每个人都不再轻松，所以，我们要把不满的情绪、抱怨的语言在心中化解，我们要明白生活不仅有苦难、残缺，还有幸福和美好。

抱怨似乎是一种很普遍的情况，它也很容易传染，而且让别人感染上此病后却浑然不知。人似乎天生就有一种抑强扶弱、劫富济贫的心态，对那些超越我们、管理我们的人天生有一种抵触情绪。很多人会不自觉地认为，富人之所以富有，是源于对穷人的剥削。直到今天，这种财富的原罪始终没有从人们的头脑中消除。

有两个有着特殊背景的人都有着亚洲血统，后来都被来自欧洲的外交官家庭所收养。两个人都上过世界各地有名的学校。但他们两个人之间存在着不小的差别：其中一位是40岁出头的成功商人，他实际上已经可以退休享受人生了；而另一个是学校教师，收入低，并且一直觉得自己很失败。

有一天，他们一起去吃晚饭。晚餐在烛光映照中开场了，他们开始谈论在异国他乡的趣闻逸事。随着话题的一步步展开，那位教师开始越来越多地讲述自己的不幸：她是一个如何可怜的亚细亚孤儿，又如何被欧洲来的父母领养到遥远的瑞士，她觉得自己是如何地孤独。

开始的时候，大家都表现出同情。随着她的怨气越来越重，那位商人变得越来越不耐烦，终于忍不住制止了她的叙述："够了！你一直在讲自己有多么不幸。你有没有想过如果你的养父母当初在成百上千个孤儿中挑了别人又会怎样？"教师直视着商人说："你不知道，我不开心的根源在于……"然后接着描述她所遭遇的不公正待遇。

最终，商人朋友说："我不敢相信你还在这么想！我记得自己25岁的时候无法忍受周围的世界，我恨周围的每一件事，每一个人，好像所有的人都在和我作对似的。我很伤心无奈，也很沮丧。我那时的想法和你现在的想法一样，我们都有足够的理由报怨。"他越说越激动。"我劝你不要再这样对待自己了！想一想你有多幸运，你不必像真正的孤儿那样度过悲惨的一生，实际上你接受了非常好的教育。你负有帮助别人脱离贫困旋涡的责任，而不是找一堆自怨自艾的借口把自己围起来。在摆脱了顾影自怜，同时意识到自己究竟有多幸运之后，我才获得了现在的成功！"

如果你还有时间进行抱怨，那么你就有时间把工作做得更好；如果你已觉得抱怨无济于事，你就应该去寻找克服困难、改变环境的办法；如果你认为抱怨是一种坏习惯，你就应该化抱怨为抱负，变怨气为志气。

世界是美丽的，世界也是有缺陷的；人生是美丽的，人生也是有缺陷的；工作是美丽的，工作也是有缺陷的。因为美丽，才值得我们活一回；因为有缺陷，才需要我们弥补，需要我们有所作为。

保持一颗平常心，不被生活中的琐事侵扰。有些朋友的抱怨常常来自生活中的琐碎之事，凡事过于较真儿，斤斤计较，常常搞得自己疲惫不堪。对于这些琐碎之事，我们还是置之不理为佳。一位哲人说得好：如果你被疯狗咬了，难道非要把侵犯你的疯狗也反咬一口吗？所以，遇事要有一种平和的心态，这样才能生活得更加理智，从而减少不必要的抱怨和牢骚。

远离抱怨，路会越走越宽

亨利·福特说：别光会挑毛病，要能寻找改进之道。抱怨只能使自己悲观失望，丝毫无助于问题的解决。人悲伤时想哭，而哭会使你更加悲伤。要想走出这个怪圈，你必须首先止怒，放弃抱怨，用解决问题的态度思考问题。

有位哲人曾经忠告世人："生命中最重要的一件事情，就是不要拿你的收入来当资本。任何傻子都会这样做。真正重要的是要从你的损失中获利。这就必须有才智才行，也正是这一点决定了傻子和聪明人之间的区别。"

所以，不要抱怨，用实干来证明自己是一个聪明人吧。

100多年前，美国费城的6个高中生向他们仰慕已久的一位博学多才的牧师请求："先生，您肯教我们读书吗？我们想上大学，可是我们没钱。我们中学快毕业了，有一定的学识，您肯教教我们吗？"

这位牧师答应教这6个贫家子弟，同时他又暗自思忖："一定还会有许多年轻人没钱上大学，他们想学习但付不起学费。我应该为这样的年轻人办一所大学。"

于是，他开始为筹建大学募捐。当时建一所大学大概要花150万美元。

牧师四处奔走，在各地演讲了5年，恳求大家为出身贫穷但有志于学习的年轻人捐钱。出乎他意料的是，5年的辛苦，筹募到的钱还不足1000美元。

牧师深感悲伤，情绪低落。当他走向教堂准备下礼拜的演说词时，低头沉思的他发现教堂周围的草枯黄得东倒西歪。他便问园丁："为什么这里的草长得不如别的教堂周围的草呢？"

园丁抬起头来望着牧师回答说："噢，我猜想你眼中觉得这地方的草长得不好，主要是因为你把这些草和别的草相比较的缘故。看来，我们常常是看到别人美丽的草地，希望别人的草地就是我们自己的，却很少去整治自家的草地。"

园丁的一席话使牧师恍然大悟。他跑进教堂开始撰写演讲稿，他在演讲稿中指出：我们大家往往是让时间在等待观望中白白流逝，却没有努力工作使事情朝着我们希望的方向发展。

抱怨只会让机会白白流失，实干才能成功。下面的故事能够让我们更清楚地了解到，机会来自实干而不是抱怨。

1832年，有一个年轻人失业了。他却下决心要当政治家，当州议员，糟糕的是，他竞选失败了。在一年里遭受两次打击，这对他来说无疑是痛苦的。他又着手办自己的企业，可一年不到，这家企业就倒闭了。在以后的17年里，他不得不为偿还债务而到处奔波、历尽磨难。

此间，他再一次决定竞选州议员，这次他终于成功了。他认为自己的生活可能有了转机，可就在离结婚还差几个月的时候，他的未婚妻不幸去世。他心力交瘁，卧床不起，患上了严重的神经衰弱症。

1838年，他觉得身体稍稍好转时，又决定竞选州议会长，可他失败了；1843年，他又参加竞选美国国会议员，但这次仍然没有成功……

试想一下，如果是你处在这种情况下会不会放弃努力呢？他一次次地尝试，一次次地失败。企业倒闭，情人去世，竞选败北，要是你碰到这一切，你会不会放弃你的梦想？他没有放弃，也始终没有说过：要是失败会怎样。1846年，他又一次参加竞选国会议员，终于当选了。

在以后的日子里，他仍在失败中奋起，一次又一次地努力。最后，1860年，他当选为美国总统，他就是亚伯拉罕·林肯。

林肯一直没有放弃自己的追求，一直在做自己生活的主宰，他用实干的精神迎来了成功。他以自己的经历告诉我们：成功不是运气和才能的问题，关键在于适当的准备和不屈不挠的决心。面对困难，不要抱怨，不要逃避，而应该勇敢地去面对，付出更多的努力和汗水来换取甘甜的美酒。

命运厚爱那些不抱怨的人

　　日常生活中，经常见到一些人对自己身边的任何事情都不满——工作不如意、钱赚得没有别人多、别人比自己幸运等，仿佛抱怨已经成了生活中必不可少的一种行为。但事实上，一旦形成了这种抱怨的思维定势，喜欢抱怨的人对问题的看法就会偏向消极方向，解决问题的动力就会变异成实施解决方法的阻力。

　　露西小姐是一家报社的记者，十多年过去了，也一直没有发展的机会，职位和薪水也不是很理想。有一段时间，她甚至想辞职。但是，又害怕辞职后找不到合适的工作，就得面临失业的问题，犹豫一番后，最终还是安慰自己：算了吧！就这样混下去吧，到了别的公司也一样。

　　有一天，她和一个朋友去聚会，又在餐桌上抱怨自己的工作环境。这位朋友一脸严肃地说："造成现在这种情况，你思考过原因吗？你尝试过了解你的工作，让自己从内心深处对这份工作真正感兴趣，并喜爱它吗？你是否真正在工作中，把它当成一项伟大的事业而努力过呢？你如果仅仅是因为对现在的工作职位、薪水感到不满而辞去工作，就不会有更好的选择，稍微忍耐一下，转变你的态度，试着从现在的工作中找到价值和乐趣，你会有意外的发现和收获。假如你这样努力尝试过之后，依然没有变化，再辞职也不迟。"

　　这位朋友的话让露茜深有感触，她试着让自己重新开始，以积极的态度处理自己的工作。结果，感觉和效果完全不同，不满的情绪也渐渐消失了，在工作中渐渐有了一种留恋的感觉。因此，她的工作才华得到了极大的展示，她也很快受到上司的提拔和重用。

其实，无休止地埋怨对自身是一种伤害。露西小姐因为抱怨而无法把全部精力投入到工作中，导致了10多年过去了，仍然没有什么发展机会。致使她发生这种情况的不是外部环境，而是她没有把自己的心放到一个端正的位置上，当她听取朋友意见，改变态度，积极应对工作后，很快就受到了上司的重用。这说明，职位和薪水的高低不是影响人发展的必然因素，而好的工作态度会影响一个人的职业生涯。

毫无怨言地工作，使人能够激发出内心的力量，这样便会在工作中拥有双倍、甚至更多的智慧和激情，让人积极主动且卓有成效地完成工作。反之，当抱怨成为一种习惯，人会很容易发现生活中负面的东西，加以放大，甚至身边人一个眼神、一句话都可以让他浮想联翩，进而感慨自己生存艰难，倾诉得越发声情并茂，也就越发使情绪"黑云压城城欲摧"，越来越焦虑。

毫无怨言的员工能够全心全意地工作，别人抱怨困难多的时候，他们在解决问题；别人抱怨工作环境差的时候，他们在研究如何提高工作效率；别人抱怨薪水低的时候，他们在加班加点地解决问题。下文中的老王就是这样的人。

老王的工作很重要，他工作速度的快慢直接影响工作进程，如果处理不好，就会影响包装质量。老王工作兢兢业业。虽然厂里对挑料工并没有技术要求，但是他总是严格要求自己，他工作得不仅速度快而且干净利落，任何问题都逃不过他的眼睛，有时，机器发生故障，剪出的料切头多又不齐，他总是一边沉着冷静地指挥操作台，一边又眼疾手快地挑料，既不影响上道工序的进行，又为下道工序打好了基础。老王对待工作始终是任劳任怨，一个班八小时，他从来不肯休息，组长要替他时，他总是三个字"我不累"。

一次，机器检修两小时，班长召集大家临时开会，这时却不见了老王的身影。厂房里空无一人，只听见静静的厂房里冷床处传来"咚、咚"扔东西的声音，大家走近一看，只见老王穿着雨鞋正钻在又热又脏的机床下面收拾切头和废钢，汗水和油污挂满了他的脸，他却根本没有察觉。老王默默无闻、任劳任怨在平凡的岗位上奉献着。

对于一个优秀的人来说，工作从来是哪里需要到哪里，对又脏又差的环境也毫无怨言，工作需要永远是他们出发的号角。他们的工作也往往会受到大家的尊重。

如果你想在工作中做出成绩，如果你想受到上司的提拔重用，如果你想得到大家的尊重，那么，停止抱怨，立即工作，哪里需要哪里去。闷头工作一段时间，你就会感觉，原来，工作是一件如此有意义的事。

人与人之间的差别，在任何地方、任何时间、任何国家、任何社会、任何时代都存在。造成这种差别的原因，并非外在条件的不同，而是自我经营的不同。我们对于任何生活情形、工作，都必须坦然接受，多责怪自己，少埋怨环境，最终自己对成功的愿望才能得以实现。

好心态创造好人生

积极和消极这两种截然相反的心态会带给人们巨大的反差。如果以消极的态度来对待一件事，这就决定了你不能出色地完成任务。只有以积极的态度来对待，你才能出色地、超乎寻常地完成这件事。当然，持有消极心态的人并非完全不能转变成一个具有积极心态的人。

一个人年轻与否，除了他的生理年龄和外表，更重要的是他的心理年龄，即是否拥有年轻的心态。如果你只是有一个年轻的外表，而失去一颗年轻的心，那你的"年轻"也不会保持多久。保持年轻的心态并不意味着要放弃做一个成年人，回归孩童的幼稚，而是要求我们对待现实要更积极一些、热情一些。

积极的心态能使你集中所有的精神力量去成就一番事业。当你以积极的心态全力以赴时，无论结果如何，你都是赢家。任何事物都有两面性，至于我们所知所欲的境地，其实都是基于自己将意愿刻印在潜意识中的结果。如果对此一味悲哀，或无所适从，不但无法改变目前的状况，而且也很难实现人生理想。所以说，即使身处绝境，也应保持积极的思考态度，积极的思考能使你集中所有的精力去成就事业。

有一位妈妈，她有一位读高中而且网球打得很好的女儿。有一年，学校举行网球联赛，女儿信心十足地报了名，满怀着夺冠的希望。

比赛前，当女儿查看赛程表时，发现第一场和自己比赛的竟是曾经打败自己的高手，她为此垂头丧气。"这次可能连预赛出线的机会也没有了。"

妈妈对她说："你想不想把那人打败呢？"

"当然想呀，不过她上次把我打得很惨，我们的实力相差太远了。"

"我有一个方法，如果你照着我的话做，你便能赢这场比赛。"

"真的吗？请妈妈快点告诉我吧！"

"你现在闭上眼睛，回想以前你打网球时最精彩的一幕，好好地感受胜利的滋味。"

女儿照着妈妈的话去做，脸上的绝望不见了，换来的是一片容光焕发。对面临的比赛态度的改变，让她充满了信心和活力。

不久，比赛开始了。女儿信心百倍地踏上球场，施展浑身解数，把对方打得落花流水，顺利地赢得第一场比赛。

想想积极的事，有助于心态的改变。凡事不从好的方面去想，往往可能还没有去做某件事，就失去了信心，其结果很可能朝着不利的方向发展。做什么事，都要有积极的心态，都要从好的方面去想。当你想象自己会成功时，你就会增强信心，并努力地去实践。从好的方面想，才有好的结果。

积极的人生态度是一个人获得成功与快乐的一项重要原则，我们可将此原则运用到自己所做的任何事情上，这样我们会幸福到永远。

事实上，如果我们有一个积极的心态，并引导它为我们的目标服务，那么，积极心态就能为我们带来成功：生理和心理的健康；独立的经济；出于爱心而且能表达自我的工作；内心的平静；驱除恐惧的信心；长久的友谊；长寿而且各方面都能取得平衡的生活；免于自我限定；了解自己和他人的智慧。

而如果我们所抱持的是消极的人生态度，我们将会尝到生命中的贫穷和凄惨：生理和心理疾病；使你变得平庸的自我限定；恐惧和所有具有破坏性的结果；敌人多，朋友少的处境；人类所知的各种烦恼；成为所有负面影响的牺牲品；屈服在他人意志之下；对人类没有贡献的颓废生活。

通过比较，到底应该树立什么样的人生态度，应该是显而易见的了。

第六章 戒掉拖延：成为可怕的自律人

拖延与颓废：能力在拖延中衰退

拖延是一种很坏的习惯。今天该做的事拖到明天完成，现在该打的电话等到一两个小时后才打，这个月该完成的报表拖到下个月，这个季度该达到的进度要等到下一个季度，等等。

因为拖延，没有解决的问题，会由小变大，由简单变复杂，像滚雪球那样越滚越大，解决起来也越来越难。从自身角度来说，过了一段时间，当你再次想起来强迫自己继续时，你会发现自己无法具备当初的工作能力了。事实上，拖延将使你的能力不断衰退。

林晃在一家公司做产品工艺设计，他经常埋怨、找借口、推卸责任，还利用工作时间和同事聊天，把工作丢到一旁而毫无顾忌。别人提起，他总是说："等一会儿再做""明天再做，有的是时间"……

渐渐地，他做事变得拖沓起来，效率低下。要他星期一早上交的方案，到了星期二早上依然未做完。经理批评他，他就带着情绪工作，把方案做得一塌糊涂。后来，林晃在接到工作任务时，不是考虑怎样把工作做好，而是能拖则拖，没有主动性。时间长了，他已经无法掌握工作的要领了，而且因为同事们的迅速成长，他成了公司最末流的员工。因为能力低，不能按时、按质完成工作，经理也不愿再交给他重要任务，只让他做最简单的方案。

如果我们总是说"我应该去面对它，但现在对付它还为时过早"，那么，你的拖延症将会最终导致工作能力不断退化。

可以说，拖延是最具破坏性的，它使人丧失进取心，迷失方向。一旦开始遇事拖拉，就很容易再次拖延，直到变成一种根深蒂固的习惯，为自己的成功制造不可逾越的鸿沟。任何憧憬、理想和战略，都会在拖延中落空。

初入职场的年轻人身上往往有一股逼人的朝气，但职场"老人"则会经常打击他们："等你们混得久了，就不会这么有激情了。"当年轻人也逐渐变成职场"老人"时，他们大多数人会发现当初的"老人"的话真的很对，以至于很多人将"岁月就是一把杀猪刀"挂在嘴边。

已经在公司混迹了四五年的"老人"曹伟也经常这样。遥想刚进入这家公司时，真是雄姿勃发。进入了自己喜欢的行业，他期待着在职场上大展拳脚，尽情地发挥自己的才能，感觉前途一片光明。当时，每接到一项新任务，曹伟都全身心地投入，总是以最快的速度、最好的质量来"交差"。站在如今的角度回头看过去的成品，甚至觉得有点"小儿科"，可那时的自己一直在进步，而现在总是感觉自己在吃老本。他甚至有点不太喜欢现在的自己。

他总结自己目前的状态：不管什么事，总是要拖到最后才去做，一点自控力都没有；但凡稍有麻烦的事情，都坚决持逃避态度，心想着"烫手的山芋接不得"；被动地接受现状，很少主动研究存在的问题。遇到棘手的工作内容，曹伟就想着退缩，辞职不干；就算是手到擒来的工作，做得也是马马虎虎，可能是因为心里有底，就更加不会全身心地投入了。

生活的可怕之处就在于此：安于现状。最尴尬的就是曹伟这样的类型，整个人像是被卡住了一般，不安心这样混下去，但又习惯了拖延来适应现状。

拖延症害人，这是绝对的真理。你一手促成的拖延将侵蚀你的意志和心灵、消耗能量，摧毁创造力，阻碍你个人潜能的发挥。

每个人在自己的一生中，都有着某种憧憬、某种理想或某种计划，假如能将这些憧憬、理想与计划，快速加以执行，那么，其在事业上的成就不知道会有多大！但是，如果人们有了好计划后，并不去快速执行，而是一拖再拖，就会让热情逐渐冷淡，让能力逐渐消磨，计划最终会失败。

如果拖延的问题不解决，恐怕这辈子都只能浑浑噩噩地度过了。

拖延与焦虑是一对孪生兄弟

拖延和焦虑的关系，犹如一对孪生兄弟，它们亲密无间，可以说是世界上最好的搭档。

不乏心理学家对焦虑和拖延症之间的关系做研究，研究表明，焦虑感的增加与拖延症有很大关系。当你因为任务完不成而产生焦虑的时候，你是否还记得这种变化是因为拖延而产生的？拖延了之后，你感觉是暂时放松了还是感觉持续地焦虑？当截止日期越来越接近时，你的焦虑感是不是又急速攀升了呢？

不少人使出拖延这一缓兵之计，可能会使自己暂时摆脱焦虑感的折磨，甚至可能说服自己享受片刻的舒适。事实上，焦虑感并未消除，你十分清楚这些被拖延的工作和决定是必须做的，随着最后期限的逼近，你的焦虑感也会随之上升。

拖延的罪恶感和对无法按时完成的恐惧感会大大降低你的工作效率，这会让你身心俱疲，然而拖延与焦虑相互作用的整个过程还是会周而复始地出现。

但是，最初的焦虑感究竟来自何方？一开始是因为什么要推迟自己手上的事呢？其实，焦虑感可能来源于不同情绪的混合，其中主要包括自我怀疑、对失败的恐惧等。

我们都有这样的体验，当认为自己有能力完成事情的时候，往往就能又快又好地去做。如果你怀疑自己的能力，害怕面对失败的窘境，会发生什么呢？你很有可能出现拖延的行为，为了拖延而焦虑。这种自我怀疑让许多拖延症患者举步不前。

有些人对自己正在做的工作感到担忧，这种负面的、消极的情绪会拖累那些本来有实力，可以拥有光明前途的人。实际上，很多被公认将拥有大好前程的人，往往是最害怕失败的，因为期望过高导致他们更容易失望。

有的人可能本身很优秀，但是为了追求成功，害怕提出不合适的观点或错误的方案，于是，他们在开会的时候总是保持安静。他们害怕上司对自己失望，这种异常的焦虑和恐慌使他们感到寸步难行，唯有通过拖延来逃避这种焦虑感。

害怕失败正是造成焦虑和拖延的重要原因之一。当面对可能发生的失败时，有些人会让自己失败的画面整夜在脑海中生动上演，而这又加深了自己的焦虑。从某种程度上来看，拖延症能帮助逃离这种恐惧。

一个缺乏自信的人，在人生的道路上是怯懦的。他们害怕被否定，害怕被质疑，因为害怕，他们选择了拖延，而拖延带给他们的除了暂时的心理舒适外，更多的是循环往复的焦虑。

马艳从大学毕业后，就成为县一中的语文老师。学校领导对这个师范大学高才生另眼看待，她一入职就让她担任高一重点班一班的班主任。然而，高才生马艳辜负了学校领导的期待，期末考试时，一班的成绩竟然还不如普通班，这简直有点说不过去。

面对这样的结果，马艳进行了认真的反思。这一学期以来，她的工作压力并不小，虽然她刚刚入职，没有任何经验，却被委以重任，这让她心中发虚，很长一段时间都在心里打鼓，生怕自己做不好班主任。而这种自我怀疑让她下意识地在规避一个班主任的责任，这让她变得焦虑。为了缓解这种焦虑，她对班级管理工作能拖就拖，实在拖不了就敷衍以对。这样一学期下来，这个班级的管理当然是一团糟。

当马艳找到自己的症结后，她不再拖延，不再逃避，此后她在班级管理上花了更多的心思，与此同时，她的焦虑以及压力大大减轻了，而一班最终也成为"学霸"班。

当你选择相信自己的时候，你会发现困难是如此脆弱。拖延不可怕，焦虑也不可怕，可怕的是我们对自己的看法。拿起"自信"之刀，将"拖延"的荆棘通通砍倒，我们将会迎来人生的阳光大道。

借口成为习惯，如毒液腐蚀人生

要知道，人的习惯是在不知不觉中养成的，具有很强的惯性，很难根除。它总是在潜意识里告诉你，这个事这样做，那个事那样做。在习惯的作用下，哪怕是做出了不好的事，你也会觉得是理所当然的。

比如说为自己的拖延行为寻找借口。选择拖延的行为，总会为自己找到借口。而找借口，是世界上最容易办到的事情之一，因为我们可以找到很多的借口去自我安慰，掩饰自己的错误。在工作和生活中就是这样，有的人常常把不成功归咎于外界因素，总是要去找一些敷衍其他人的借口。久而久之，我们就会养成一个习惯：借口越找越多。于是，我们靠着一个又一个借口麻痹自己，在一个又一个借口中消磨生活的勇气和热情。

当我们千方百计为失败找借口时，时间在一个又一个借口中悄然流逝，个性的棱角在一个又一个借口中被磨平。原本尚存的希望，也在一个又一个借口中溜走；原本尚存的斗志，在一个又一个借口中远离；原本尚存的机遇，在一个又一个借口中错过……

如果在工作中以某种借口为自己的过错和应负的责任开脱，第一次你可能会沉浸在借口为自己带来的暂时的舒适和安全中而不自知。于是，这种借口带来的"好处"会让你第二次、第三次为自己去寻找借口，因为在你的思想里，你已经接受了这种寻找借口的行为。不幸的是，你很可能会形成一种寻找借口的习惯。

这是一种十分可怕的消极的心理习惯，它会让你的工作变得拖沓而没有效率，会让你变得消极而最终一事无成。于是，便有可能出现这样的情境：两眼紧盯屏幕，其实脑中却空空如也，什么也没有想；面对一份方案，即使抓耳挠腮、咬牙切齿、搜肠刮肚，依然没有新的想法，更别说靠谱的方案。此时头脑内部就像早已干涸的河床，大脑的运动就像休眠中的火山……这时候，你才会明白，长期找借口会腐蚀你的大脑。

可见，习惯虽小，却影响深远。习惯对我们的生活有绝对的影响，因为它是一贯的，它在不知不觉中，经年累月影响着我们的品德、思维和行为的方式，左右着我们的成败。

一旦我们养成了寻找借口的习惯，那么我们的上进心和创造力就慢慢地烟消云散了。我们要拒绝借口，避免养成寻找借口的坏习惯，在工作中，更应该想办法去拒绝借口，而不是忙着找借口。

许多平庸者、失败者的悲哀，常常在于面对困境时缺乏足够的智慧和勇气，总是在借口的老路上越走越远。"生不逢时""不会处世""缺少资金"……归结一点：自己的拖延行为是各种因素促成的。

事实上，困难永远都有，挫折也在所难免，关键是怎样对待。不断向别人学习，不断充实自己，不断总结经验教训，不断探索实践，这样才会有成功的机会。

如果你发现自己经常为了没做某些事而制造借口，或是想出千百个理由来为没能如期实现计划而辩解，那么现在是该面对现实好好检讨的时候了。

不要陷入"内卷化"效应

美国人类学家利福德·盖尔茨在 20 世纪 60 年代末提出了"内卷化效应",它是指一种社会或文化模式在某一发展阶段达到一种确定的形式后,便停滞不前或无法转化为另一种高级模式的现象。如今,内卷化效应在职场中表现得尤为突出。

"没神经、没痛感、没效率,对职业充满倦怠,整个人就像橡皮做成的一样",这是对职场上一些人的画像。他们通常可能还会表现出情绪的懈怠、工作的拖延等。这样的人广泛存在于我们周围。面对屡见不鲜的职场橡皮人的内卷化现象,人们不禁要问:他们为何停步不前?是天赋欠缺,勤奋不够,还是运气迟迟没有垂青?

其实,根本出发点即在于其态度。人们常说,信念决定命运。如果一个人认为自己这一生只能如此,那么命运基本也就不会再有改变,生活就此充满自怨自艾;如果相信自己还能有一番作为,并付诸行动,那么便可能大有收获。如果一个人认定此生再也没有进步的空间,那么他进步的动力将消失殆尽,前途也将不作他想,一直自我重复,也不可能有新的进步。

要始终保持一份积极的心态,不虚度每一天,不原谅每一天的懒散,克服浮躁,用精益求精来勉励、监督自己。

洛杉矶湖人队前教练派特雷利在湖人队最低潮时,告诉球队的 12 名队员说:"今年我们只要每人比去年进步 1% 就好,有没有问题?"球员们一听:"才 1%,太容易了!"于是,在罚球、抢篮板、助攻、拦截、防守五方面,每人都各进步了 1%,结果那一年湖人队获得了冠军,而且夺冠的过程很轻松。

有人问派特雷利教练,为什么能这么容易得到冠军。教练说:"每人在五个方面各进步 1%,合计则为 5%,12 人一共 60%。一年进步 60% 的球队,你说能不得冠军吗?"

每个人只要抱着进步1%的信念去努力，就会有意想不到的收获。如果你仅仅满足于现在的表现，你只会陷入"内卷化"的泥沼，最终拖延不前。

一个人要摆脱内卷化状态，迫切需要改进观念。如果你的思想停留于怨天尤人或者安于现状，对职业没有规划，对前途缺乏信心，对内卷化听之任之，人生将会由此停滞不前。反之，如果有了奋发向上的觉悟，也就拥有了上进的信念。在这种信念的鼓舞下，一个人才能充分发挥出自身的潜力，让能力变成价值。

分析内卷化的原因，能力是另一个重要方面。只有将能力发挥到淋漓尽致，个人价值得以体现，他们才能重燃工作激情，进而积极努力。

当企业赋予你一项重任时，一定要做到超越企业的期望，千万不要满足于得过且过的表现，要做就做得更好。在追求进步方面，不要做到适可而止，一定要做到永不懈怠；在知识能力方面，不要满足于一知半解，一定要做到融会贯通——只有如此，才能在追求进步的过程中成就自己，成为企业发展天平上更重要的一个砝码。

分析个人的内卷化情况，我们不妨通过自我检讨和反省，积极调整心态，给自己的工作和生活增添激情。

内卷化对每一个人的资源消耗都是巨大的，包括时间、精力和意志。要切记，走出内卷化，克服拖延症，要靠自身的努力。这种努力来自强烈的求知欲望和顽强的上进精神。只有充分发挥自身力量，才能突破自我、表现自我、超越自我，从而使职业生涯呈现出一片勃勃生机。

你是否有"决策恐惧症"

有一种"决心型"的拖延者，他们没办法下决心拿出自己的意见或决策，只好用拖延来回避。

决策恐惧意味着你害怕决定任何事情，也就是不管自己的婚姻、工作或别的什么事情，总是因为父母、环境等影响，做出无奈的选择。而这背后，其实是自己的潜意识中不愿为自己的决策负责任。

安娜是公司新来的员工，她年轻、漂亮，对工作也比较认真负责，领导交代的任务，她都特别上心，对每一项任务她往往都会做出两种或两种以上的方案，拿到领导那里去请教。她会将每一种方案的优点、缺点进行分析，可就是从来不说自己认为哪种好，只等着领导做决定。

领导起初觉得这小姑娘还真不错，挺上进的。后来，聪明的领导发现了一个问题：明明是交代安娜做策划案，可自己的工作量比原来多了。自己要花上近一个小时来听她讲述所有方案，这时间，完全够他跟老客户谈笔生意了。安娜介绍完了之后，他也不能闲着，还得把几种方案在脑子里进行对比，以判断哪个更好。

随着时间的推移，领导终于忍不住了，说："安娜，你能不能给我一份直接可用的方案？我没时间看那么多。"第二天，领导在办公室一直没有看到安娜的方案，他想："有可能是安娜这次要完成的方案花费时间比较多。"他就没有理会。又过了一天，安娜的方案还没有送来，领导把安娜叫到办公室问："这么长时间了，我也没看到你的方案，做好了吗？"安娜很委屈："我想好了两套方案，但是不知道哪个方案会获得你的认可，所以一直还没有做……"

其实，安娜就是一个决策恐惧者。她每次做两种策划案，还要拿去跟领导探讨，是因为她怕自己贸然交上去一份，老板觉得不好，或者是被客户直接退回来，她就得承担责任。如果是领导选的，就算客户不认同，那跟她也没多大关系，因为不是她做的决定。在她看来，拖延着不做决定，把决策权交给别人，责任就转嫁到别人身上了。

的确如此，心理学家沃尔特·考夫曼早就说过："患有决策恐惧症的人，通常不会自己做决定，而是让别人替自己来决定。这样的话，他们就不用对后果负责了。"

患有决策恐惧症的人通常没有主心骨，凡事都不想出头，这样的人生势必没有了博弈的快乐。试想安娜的人生，她连一套方案都不敢决定，那么很可能也将失去主宰人生的能力。

对于决策恐惧症，其实在很多人的身上都有所体现，人们的内心经常会被这种"做还是不做"的想法所纠结。当你长期处于这样的环境，在面对任何事情的时候，也许都会变得犹豫不决，不能痛痛快快地去做某件事。纠结于做还是不做，你的内心根本没有自己的方向和目标，做事的时候就会喜欢拖拖拉拉地无限拖延。

不管我们是否承认，人的一生有太多需要自己决策的事情，哪怕我们再充满恐惧，哪怕我们再无从选择，也要做决策。别人可以给你指路，别人可以给你提供建议，可最终做决定的是自己，所以，不要再拖下去了，大胆地为自己做决策吧。

拖延是一种错误的生活

"明天，明天，还有明天"，很多人总是在这样的自我安慰中度过一个又一个今天，殊不知，时间不息地奔赴终点，当你把今天应该完成的事拖到明天去做时，这个"明天"就足以把你送进坟墓了。

深夜，一个危重病人迎来了他生命中的最后一分钟，死神如期来到了他的身边。在此之前，死神的形象在他脑海中几次闪过。他对死神说："再给我一分钟好吗？"死神回答："你要一分钟干什么？"他说："我想利用这一分钟看一看天，看一看地。我想利用这一分钟想一想我的朋友和我的亲人。如果运气好的话，我还可以看到一朵绽开的花。"

死神说："你的想法不错,但我不能答应。这一切早已留了足够时间让你去欣赏,你却没有像现在这样去珍惜,你看一下这份账单:在60年的生命中,你有1/3的时间在睡觉;剩下的40多年里你经常拖延时间;曾经感叹时间太慢的次数达到了平均每天一次。上学时,你拖延完成家庭作业;成人后,你过度抽烟、喝酒、看电视,虚掷光阴。

"我把你的时间明细账罗列如下:做事拖延的时间从青年到老年共耗去了36500小时,折合1520天。做事有头无尾、马马虎虎,使得事情不断要重做,浪费了大约300多天。因为无所事事,你经常发呆;你经常埋怨、责怪别人,找借口、找理由、推卸责任;你利用工作时间和同事聊天,把工作丢到了一旁毫无顾忌;工作时间呼呼大睡,你还和无聊的人煲电话粥;你参加了无数次无所用心、懒散昏睡的会议,这使你睡眠远远超出了20年;你也组织了许多类似的无聊会议,使更多的人和你一样睡眠超标;还有……"

说到这里,这个危重病人就断了气。死神叹了口气说:"如果你活着的时候能节约一分钟的话,你就能听完我给你记下的账单了。唉,真可惜,世人怎么都是这样,还等不到我动手就后悔死了。"

每个人的生命都是有限的,当拖延成为你的习惯时,死神也就在不知不觉中来临了。你可以给自己时间,但生命却不会给你时间,正如中国古代诗人李商隐所吟诵的"人间桑海朝朝变,莫遣佳期更后期"。

人为什么会被"拖延"的恶魔所纠缠,很大的原因在于当认识到目标的艰巨时所采取的一种逃避心理,能以后再面对的就以后再面对,只要今天舒服就行,拖延就这样成为了"逃避今天的法宝"。而逃避是弱者最明显的特征。

有些事情你的确想做,绝非别人要求你做,尽管你想,但却总是在拖延。你不去做现在可以做的事情,却想着将来某个时间来做。这样你就可以避免马上采取行动，同时你安慰自己并没有真正放弃决心。你会跟自己说："我知道我要做这件事，可是我也许会做不好或不愿意现在就做。应该准备好再做，于是，我当然可以心安理得了。"每当你需要完成某项艰苦的工作时，你都可以求助于这种所谓的"拖延法宝"，这个法宝成了你最容易也是最好的逃避方式。

拖延自己的时间，往往有 1/3 的原因是自我欺骗，另外 2/3 是逃避现实。之所以坚持自己这样的拖延行为，还因为你自己从其中得到了一些"好处"：

通过拖延，你显然可以不去做那些令自己感到头疼的事，有些事情你害怕去做，有些事情你想做又害怕行动。

欺骗自己的各种理由让你心安理得，因为你觉得自己还是个实干家，也许就是慢一点的实干家。

只要能一拖再拖，你就可以永远保持现状，无须力求改进，也不必承担任何随之而来的风险。

你厌倦生活，你抱怨说是其他人或一些琐事让你情绪消沉，这样你便轻松摆脱责任，并且推卸给客观环境。

你通过拖延时间，让自己在最短的时间内完成工作，如果做得不好，你会说："我时间不够！"

你找借口不做任何没把握的事情，以避免失败，这样你觉得自己还真不是个低能的人。

就这样，拖延成了你用来逃避的通行证，你和社会上千万人一样像草木般活着，遇到任何困难都不当机立断，任其耽误下去。

人的本质都是懦弱的，从这一点上说，拖延和犹豫是人类最合乎人情的弱点，但是正因为它合乎人情，没有明显的危害，所以无形中耽误了许多事情，因此而引起的烦恼，实在比明显的罪恶还要厉害。你拖延得了一时,却拖延不过一世,今天你利用拖延这张证件避免了危险和失败,但这样做又能达到怎样的目的呢?在你避免可能遭到失败的同时,你也失去了取得成功的机会。

摆脱被动拖延的怪圈

拖延无助于问题的解决。相反,它只会让问题变得越来越难以解决。我们要提高解决问题的效率,摆脱被动拖延的怪圈,就要养成快速行动的好习惯,将问题在第一时间内解决。

阿尔伯特·哈伯德先生曾讲过这样一个故事,向人们讲述了拖延期为我们带来的危害:

有一次,我决定将一张旧的大书桌送给我的朋友。桌上覆盖了一块透明玻璃,朋友不想要那块玻璃,于是当我们将旧书桌运到他的卡车上时,就随手把玻璃靠在了车道旁的篮球架上。

朋友在临走前,提醒我说:"你最好把这块玻璃摆在比较安全的地方。"我立刻回答道:"放心吧,我会的!"但我没有。我看着那块玻璃,告诉自己待会儿一定要处理。之后一下忙着修剪树枝,一下忙着清理车库,只是每次只要走过那块玻璃,我就告诉自己应该在它被撞破前尽快移走,然而我只是一直想:待会儿、待会儿。

一天下来,我们一家人决定出去吃晚餐。当车子倒出车库时,我的太太对我说:"我们是不是应该把这块玻璃放在比较安全的地方呢?"你一定知道我是怎么回答她的。

几小时候后,我们乘着暮色回家,大伙一下车,全都直奔屋内。这时我看到一把小型修草剪子被摆在了街灯下、靠近车道的地方。我跟小儿子杰克说:"杰克,可不可以请你去把剪子拿回来,帮我放回车库里?"杰克答应一声，就朝放剪子的方向跑去，而我继续朝屋子走去。

过了不久，伴随儿子的大声尖叫，我听见一大块玻璃被撞碎的巨大声音。

我立刻意识到发生了什么情况，我也知道原因。我冲出车库，发现杰克仰天躺在车道上，肚子上有几百片碎玻璃，有些长度超过一尺。我抱着号啕大哭的他跑到屋前阳台，在灯光下检视他的伤口，心里已经做了最坏的打算。

但是，我简直不敢相信自己的眼睛：竟然连一点擦伤都没有！实际情况是，杰克往前跑的时候撞上了玻璃，在玻璃摔落在车道的刹那间，他刚好跌在车道上面，但是身上竟然没有受伤。我们的庆幸之情溢于言表。

为什么会发生这事件呢？因为拖延。我明明知道应该把那块玻璃搬走，而且这么做根本花不了几分钟，但是我却一再拖延不做，直到差点酿成一场大祸。

拖延无助于问题的解决。无论是公司还是个人，没有在关键时刻及时做出决定或行动，而让事情拖延下去，这会给自身带来严重的伤害。那些经常说"唉，这件事情很烦人，还有其他的事等着做，先做其他的事情吧"的人，总是奢望随着时间的流逝，难题会自动消失或有另外的人解决它，这永远只能是自欺欺人。

拖延并不能使问题消失，也不能使解决问题变得容易起来，而只会使问题深化，给工作造成严重的危害。我们没解决的问题，会由小变大、由简单变复杂，像滚雪球那样越滚越大，解决起来也越来越难。

另外，拖延还会让你失掉一些工作中的机会。在一家公司里，纵然你有一个优秀的企划方案，纵然你有一项完善的工程设计，如果你比别人慢半拍，一切也就失去了意义。如果你不能在第一时间内将问题解决，那么你的工作只好由别人来代劳了。

李翔是一个非常出色的企划人员，有一次，他跟一个竞争对手同时参与一家大公司的投标。通过大量的资料收集和精心的策划，他们几乎在同一时间完成了各自的竞标计划。在投标的那天，李翔在赶赴那家大公司的路上，因为车子出了故障，晚了一个小时才到达会场。正是在这短短的一个小时内，对手那新颖的设计和长远的规划，再配上其精彩的讲演，已经深深地吸引了大公司的决策人员，大公司上层人员于是一致决定采用李翔对手的方案。

事实上，李翔的方案并不逊于竞争对手，但因为晚了一个小时而失去了竞争的机会，使他精心准备的方案毁于一旦。李翔的失败固然有客观方面的因素，但是它也向我们提示了一个这样的职场规则：在工作中出现问题要第一时间内解决，否则你的工作将会"贬值"甚至完全失去意义。

因此，我们在处理自己的事情时，一定要养成不推迟的好习惯，出现问题后不拖延，争取将问题在第一时间内解决。

珍视今天，勿让等待妨害人生

有个创意家，一直给人悠闲无事的感觉，但他的收入并不少。别人问他是怎么做到的，他说："做时间的主人，别让时间做你的主人。"

这句话的意思是说，你可以决定什么时间做什么事，而不是让时间来决定你应该做什么事。时间对他而言只是桥梁，通过它，可以找到更合适的生活方式，而不仅仅是谋取财富。在他看来，时间还有更重要的使命："有时间的人是活人，没有时间的人是死人。"

宋国大夫戴盈之曾对孟子说："现在的赋税太重了，很想按照以前的井田制度，只征收 1/10 的税，但是目前执行起来有困难，只能暂时减一点，明年再看着办，你以为如何？"孟子不置可否，只举了个例子："有一个小偷,每天都偷邻居的鸡,别人警告他,再偷就将他送官,他哀求说,从现在起,我每个月少偷一只,明年就洗手不干了,可以吗?"

其实,等待永远是美好的最大敌人。一个小偷不会因每个月少偷鸡而成为善良之辈,时间也不会在我们的等待之中变得漫漫无期。俄国哲学家赫尔岑认为:时间中没有"过去"和"将来",只有"现在"才是现实存在的时间,才是实实在在的、最有价值和最需要人们利用的时间。在这点上,丘吉尔和爱因斯坦无疑是我们最好的榜样。

英国前首相丘吉尔平均每天工作17个小时,还使得10个秘书也整日忙得团团转。为了提高政府机构的工作效率,他在行动迟缓的官员的手杖上,都贴上了"即日行动"的签条。

1904年,正当年轻的爱因斯坦潜心于研究的时候,他的儿子出生了。于是,在家里,他常常左手抱儿子,右手做运算。在街上,他也是一边推着婴儿车,一边思考着他的研究课题。妻儿熟睡了,他还到屋外点灯撰写论文。爱因斯坦就是这样抓住每一个今天,通过一点一滴积累,在一年中完成了四篇重要的论文,引领了物理学领域的一场革命。

一个人要想干出一番事业,就要克服拖拉,珍视今天。拖拉者的一个悲剧是浪费昨天,却又对明天充满幻想。不管是在工作中还是在生活中,只要有任务,他们就会说,今天完不成不碍事,还有明天呢,何必这么赶。事实上,把事情无限期延后,只能加重一个人的压力。明天还有明天的任务,你把任务都推到明天,明天的任务怎么办?难不成再接着往后延?如果真是这样,那么一个人只能生活在无限拖延的怪圈里。

钟表王国瑞士有一座温特图尔钟表博物馆。在博物馆里的一些古钟上,都刻着这样一句话:"如果你跟得上时间步伐,你就不会默默无闻。"这句富有哲理的话,一定早已铭刻在许多成功者的心灵深处了。

珍惜生命,珍视"今天",不放弃每天的努力,是成功者们共同信奉的信条。今天，如果你珍视每一分钟，你的生活又会是怎样呢？

多读一分钟：书太多了，人的时间太少了，多浪费一分钟，少阅读一本书。经常省下零零星星的一分钟，拿出一本喜欢又被遗忘很久的书来阅读。多读一分钟，你会感到很惬意。

多玩一分钟：人生倏忽一百年，少得可怜。每天多留一分钟，看一看山水，看一看大海和天空，看一看星星和月亮，就能把人生演绎得美妙多情些。

多陪孩子一分钟：孩子才是人生里最重要的资产之一，多一分钟赚钱，便少一分钟与孩子相处的机会。与孩子相处，你可以返璞归真，拥有童稚之心，无忧欢乐。

多陪爱人一分钟：爱人不是用来拌嘴的对象，他/她是六十亿分之一的缘分与修得五百年福分的集合，在终老之前多陪他/她一分钟。一个一分钟很少，一百个一分钟也不多，但是千千万万个一分钟，可就不少了。每天预留一分钟给家人，人生便多了许多一分钟的美好。

第七章

消除倦怠：唤醒内在原动力，重启人生

远离扰人的职业倦怠

一句被许多职业人所推崇的名言——"工作着才是美丽的",曾在都市白领中流行一时。诚然,在工作的同时,人们不仅创造了更好的生存和生活条件,而且内心得到了满足。然而,职场上不会总是风调雨顺、阳光灿烂,尤其是当前我国正处在社会转型期,原有的价值观、成就观、幸福观等受到冲击,很多人对职业缺乏认同感、成就感,对生活缺乏信心和快乐。因而产生职业倦怠。

职业倦怠也可称为"职业枯竭"或"心理枯竭",是一种常见的现代职业疾病。它是指个体无法应付外界超出个人能量和资源的过度要求而产生的生理、情绪情感、行为等方面的一种耗竭状态。根据国际标准,工作倦怠包括三个指标:情绪枯竭、玩世不恭和成就感低落。

情绪枯竭是指个人认为自己所有的情绪资源都已经耗尽,对工作缺乏动力,有挫折感、紧张感,甚至害怕工作。玩世不恭,指刻意与工作以及其他与工作相关的人员保持一定距离,对工作不热心、不投入,对自己的工作意义表示怀疑。成就感低落,是指个体对自身持有负面的评价,认为自己不能有效地胜任工作。根据这三个指标,可以将职业倦怠分为以下几种类型:

1. 压力型

在连续不断的业绩考核和生存压力下使精神濒于崩溃,想放弃工作又舍不得高薪的待遇或已经取得的成绩,结果长期处在紧张的压力中,对工作产生了厌恶感。

2. 挫折型

来自对目前职业的不满，如工作枯燥无味、工作条件太差、报酬太低、离家太远、工作时间太长、没有发展前途、同事关系难处、领导脾气太坏。

3. 平台型

当对一项工作已经熟练掌握，并且发现上升空间被限制的时候，厌职情绪由此袭来。

4. 情绪型

情绪型主要来自情绪的波动，多出现于女性职员中。如：沉湎于爱情、寄希望于男友的事业、家人需要照顾等，可以让女人产生厌职情绪。在这些情绪的影响下，即便她们没有马上提出离职，也降低了对职业发展的热情。

职业倦怠在生活中常表现为：超时工作、睡眠不足、压力巨大、健康负债，经常腰酸背痛、记忆力明显衰退。具体症状如：连续好几天都无法顺利入眠，失眠、多梦，也时常在恐惧中被惊醒，心中仿佛有块沉重的大石头压着；时常对着天花板发呆，脑中一片空白，没有心情去工作，而且觉得无所适从；对目前的工作产生极大厌恶感，并对同事有不满情绪，脾气暴躁，有一种快要崩溃的感觉。

长期处于职业倦怠状态，可能导致炎症，进而引起心血管疾病和其他相关的疾病。可以说，职业倦怠不但危害人们的身心健康，而且还会造成缺乏职业道德、消极怠工等职业危害，严重的还会破坏家庭和睦、社会稳定。如果发现自己开始有了职业倦怠的迹象，你应该早做准备，走出心理沼泽，下面有几点建议可供参考：

首先，正确看待工作。每个人都希望通过劳动实现自我价值，不断接受适度的挑战来给自己成就感。这是人类本能的心理需求。有一些人因为工作太少，或者工作太容易完成，觉得没有挑战性和新鲜感，不能充分体现自我价值，而对工作失去兴趣，只把工作当作获取财富的工具，使自己厌倦工作；而有的人则不断地加班，从起初的几个小时到整个周末，除了工作，几乎没有任何社交活动，时间一久，难免会对自己的工作产生反感。其实，成功并不全部来自办公室，如果把自己的爱好和业余活动当作本职工作一样认真对待，并同样引以为豪，就容易保持一种积极的态度，而不至于压力过大。

其次，学会了解自己。不少对职业倦怠的人，就像一群缺少设计图的盖房人，每天都在不断地堆砖头，却不知道自己在做什么，不知道要怎么盖，盖到何时完工。原本的热情就在搬砖过程中一点一滴流失，最后像行尸走肉般，一事无成。如果清楚自己的人生该往哪里去，知道要将自己打造成什么，即使一路走来颠簸失意，也不会因一时失落，觉得疲惫不堪、抱怨连连。对此，专家建议，当你开始对工作产生倦怠时，应该花点时间静下心来重新思索自己。比如：自己要什么？擅长哪个领域？性格倾向于从事哪种类型的工作？这份工作可以发挥自己的特长吗？是自己努力不够还是被摆错了位置？

世界上没有一条不变的河流，太阳每天都是新的。要让自己对所从事的职业不感到倦怠，就要抗拒机械的"搬砖"心理，学会了解自己。

生活的乐趣不仅是不停地奔跑

很多时候，我们被生活中一个又一个目标逼迫得只会忙着赶路，不仅工作紧张，而且情绪也紧张，在做一件事情的时候会想到还有一大堆的事情在等着自己，于是，经常匆匆忙忙，急躁不堪，当我们回首的时候，却突然发现因为自己匆忙地赶路，往往失去了更美好的事情。

有这样一个故事：

父子俩一起耕作一片土地。一年一次，他们会把粮食、蔬菜装满那老旧的牛车，运到附近的镇上去卖。但父子两人相似的地方并不多，老人家认为凡事不必着急，年轻人则性子急躁。

这天清晨，他们又一次运货到镇上去卖。儿子用棍子不停催赶牛车，要牲口走快些。

"放轻松点，儿子，"老人说，"这样你会活得久一些。"

可儿子坚持要走快一些，以便卖个好价钱。

快到中午的时候，他们来到一间小屋前面，父亲说要去和屋里的弟弟打招呼。儿子继续催促父亲赶路，但父亲坚持要和好久不见的弟弟聊一会儿。

又一次上路了，儿子认为应该走左边近一些的路，但父亲却认为应该走右边有漂亮风景的路。

就这样，他们走上了右边的路，儿子却对路边的牧草地、野花和清澈河流视而不见。最终，他们没能在傍晚前赶到集市，只好在一个漂亮的大花园里过夜。父亲睡得鼾声大起，儿子却毫无睡意，只想着赶快赶路。

在第二天的路上，父亲又不惜浪费时间帮助一位农民将陷入沟中的牛车拉出来。这一切，都使儿子气愤异常。他一直认为父亲对看日落、闻花香比赚钱更有兴趣，但父亲总对他说："放轻松些，你可以活得更久一些。"

到了傍晚，他们才走到俯视城镇的山上。站在那里，夕阳染红了从山下到城镇的一草一木，光线柔和而不刺眼，妇女们坐在一起闲话家常，老人们正围着几盆花评头论足……他们看了好长一段时间，两人都不发一言。这都是年轻人平时所没有观察到的景色，却是父亲一直希望能放在眼中的人生的景色。

终于，年轻人把手搭在老人肩膀上说："爸，我明白您的意思了。"

他把牛车掉头，离开了原来的地方。

很多时候，我们就和这个青年一样，在人生中不断地奔跑，向着下一个目标不断地奋进，我们的生活被一个又一个的目标所占满，心里、眼里也只剩下这些目标，当我们回头的时候，却发现生命的过程实际上才是最美妙的。

生活的乐趣绝不在于不停地奔跑，生活需要一杯茶的清香，需要一碗酒的浓烈。每天早晨出来呼吸着那些新鲜的空气，给自己泡一杯咖啡，听一曲优美的曲子，抑或在休息的时候给朋友送去自己亲手包的饺子，或者是陪着父母一起坐在电视机前说着那些实际上已经说了无数次的经典家常，又或者一家三口一起去海边游玩，这样可以让心灵得到极大的放松……

一个樵夫上山去打柴，看见一个人在树下躺着乘凉，就忍不住问他："你为什么不去打柴呢？"

那人不解地问："为什么要去打柴？"

樵夫说："打了柴好卖钱呀。"

"那么卖了钱又有什么用呢？"

"有了钱你就可以享受生活了。"樵夫满怀憧憬地说。

乘凉的人笑了："那么你认为我现在在做什么？"

这个乘凉的人没有盲目地把自己投入到紧张的生活中，他过的是一种恬静的日子——躺在树下轻松自在地呼吸，并且对生命充满由衷的喜悦与感激。这种发自内心的简单与悠闲的生活方式是多么令人向往啊！

在已经走过的20世纪，我们是否应该回头看一看现代人的生活？所有人都莫名其妙地忙碌着，被包围在混乱的杂事、杂务，尤其是杂念之中，一颗颗跳动的心被挤压成了有气无力的皮球，在坚硬的现实中疲软地滚动着。也许是因为在竞争的压力下我们丧失了内心的安全感，产生了无事可做的担忧，于是才急着找事做，以此来安慰自己。这样在不知不觉中，我们已经陷入了一种碌碌无为的恶性循环，离真正的快乐越来越远。

在20世纪，人类对自然的征服可谓达到了顶峰，人们恨不得把地球上能开发的地方都开发出来以满足人们日益增长的消费需求。我们被工业、电子、传媒、科技、城市等人工风景紧紧地包围着。信息的汹涌正如大海的汹涌让我们每个人沉浮起来，在一层层海浪的冲激下荡来荡去。也许我们并没失去什么，却无端地感到凄惶，很难找到宁静和从容，找到自己内心的真实。

也许是我们真的太累了，在追逐生活的过程中，我们也应该尝试着放弃一些复杂的东西，让一切都恢复简单的面孔。其实生活本身并不复杂，复杂的只是我们的内心。所以，要想恢复简单的生活，必须从心开始，净化情绪上的杂质，让心灵自由飞舞。

冲破"心理牢笼"

现实生活里，有很多人不自觉地把令自己讨厌的事塞满脑袋，把一些不相干的事与自己联系在一起，造成了情绪上的压力。殊不知，对于令自己讨厌的、想不通的事，我们可以不去想，否则最后你就会变成压力的囚徒。

人的"心理牢笼"千奇百怪，五花八门，但有一点是相同的，那就是所有的"心理牢笼"其实都是自己给自己营造的。就拿自寻烦恼来说吧，有人老是责备自己的过失，有人总是唠叨自己坎坷的往事和不平的待遇，有人念念不忘生活和疾病带来的苦恼……时间一长，就不知不觉地把自己囚禁在"心狱"里。自寻烦恼有很多种，其中一种是喜欢用自己不懂的事情塞满脑袋，使自己陷入紧张、痛苦之中。

有一位旅者，经过险峻的悬崖时，一不小心掉落山谷，情急之下抓住崖壁上的树枝，上下不得，祈求上天慈悲营救。这时天神真的出现了，伸出手过来接他，并说："好！现在你把抓住树枝的手放下。"但是旅者执迷不悟,他说:"把手一放,势必掉到万丈深渊,粉身碎骨。"

旅者这时反而更抓紧树枝,不肯放下。这样一位执迷不悟的人,天神也救不了他。

不肯放下,让这位旅者失去了最后的一次生存机会。我们总是执迷不悟,对于种种欲望不肯放手,死死握紧,不肯去寻找新的机会,发现新的思考空间,所以陷入负面情绪中。

人的一生充满坎坷,稍不留神,就会被自己营造的"心狱"监禁。在"心狱"里,很多人还在不停地折磨自己,结果造成无法挽回的悲剧。有人认为,"心狱"无法逃离。但事实怎样?人的"心理牢笼"既然是自己营造的,人就有冲出"心理牢笼"的能力。这种能力就是精神上的包容,有了这种包容,什么样的"心理牢笼"都可以攻破。

有这样一句话:除了上帝之外,谁能无过?犯了错只表示我们是人,不代表我们就必须承受如下地狱般的折磨。我们唯一能做的就是正视这种错误的存在,从错误中吸取教训,以确保未来不再发生同样的憾事。接下来就应该获得绝对的宽恕,然后把它忘了,继续前进。

人的一生充满许多坎坷,许多愧疚,许多迷惘,许多无奈,如果不加注意,我们就很容易在这个迷宫里走丢。营造"心理牢笼",不费多少精力一瞬间就能制造出来,这对人的健康危害极大。人的精神问题,大多都与"心狱"有关,严重者则会造成精神失常,甚至自杀。

我们要攻破自己营造的"心理牢笼",让自己尽情享受生活的快乐。

疲劳之前多休息

疲劳的人容易心情忧虑,这时需要停下匆忙的脚步,让自己放松下来。

任何一位略懂医学常识的人都知道,疲劳会降低身体免疫力,而任何一位心理学家也会告诉你，疲劳同样会降低你对忧虑和恐惧等感觉的抵抗力。所以，防止疲劳在一定程度上也就可以防止忧虑。

雅格布森医生是芝加哥大学实验心理学实验室主任，他花了很多年的时间，研究放松紧张情绪的方法在医药上的用途，同时他还写了两本这样的书。他认为任何一种情绪上的紧张状态，在完全放松之后，忧虑就会消失。也就是说，如果你能放松紧张情绪，忧虑也就随之解除了。

丹尼尔说："休息并不是绝对什么事都不做，休息就是修补。"短短的休息时间，就能有很强的修补功能，即使只打5分钟的瞌睡，也能做到防"疲"于未然。

棒球名将迈克尔说，每次比赛之前如果他不睡一会儿的话，到第五局就会觉得筋疲力尽。可是如果赛前睡一会儿，哪怕只睡5分钟，他也能够赛完全场，而且不感到疲劳。

有人曾问过罗斯福夫人，她在白宫的12年里，是如何应付那么多繁忙的事务的。她说，每次接见一大群记者或者是要发表一次演说之前，她通常都坐在一张椅子上或是沙发上，闭目养神20分钟，从而保持精力充沛。

吉恩·奥特里是一位马术比赛的著名选手。在他将要参加世界骑术大赛时，他总是在他的休息室里放上一张行军床，"每天下午我都要在那里躺一会儿，"吉恩·奥特里说，"当我在好莱坞拍电影的时候，我常常倚靠在一张很大的软椅子里，每天睡一两次午觉，这样可以使我精力旺盛。"

爱迪生也认为他无穷的精力和耐力，都来自他能随时想睡就睡的习惯。

像故事中提到的人们那样，多休息会让人精力充沛。亨利·福特80岁大寿时依然精神矍铄，他看起来总是那样有精神，那样健康。有人问他保持精力旺盛的秘诀是什么，他说："能坐下的时候我绝不站着，能躺下的时候我绝不坐着。"这真是聪明人的大智慧。

好莱坞的一位著名电影导演杰克也曾尝试过类似的方法。他后来说，效果出奇地好。他说几年前他常常感到劳累和疲乏，为此，他几乎什么方法都试过，长期吃维生素和其他的补药，但对他没有一点帮助。专家建议他可以天天去"度假"，怎么做呢？就是当他独自在办公室里，或和手下开会前，躺下来放松自己，放松心情。

过了两年，他说："奇迹出现了，这是我医生说的。以前每次和我手下的人谈工作的时候，我总是坐在椅子里，非常紧张和劳累。现在每次开会前，我喜欢小憩片刻。躺在办公室的长沙发上。我现在觉得比从前好多了，每天能多工作两个小时，而且很少感到疲劳。"

你是如何对付紧张的工作压力的呢？如果你是一名打字员，你就不能像爱迪生那样，每天在办公室里睡午觉；而如果你是一个会计师，你也不可能躺在长沙发上跟你的老板讨论账目报表的问题。但是如果你的生活节奏比较慢，可以利用每天中午吃午饭的时间睡10分钟的午觉。

如果你已经过了50岁，你还没一点休息时间，那么赶快趁早买人寿保险吧，预防过早地倒下。要是你没有办法在中午睡个午觉，至少要在吃晚饭之前躺下休息一个小时，这比喝一杯饭前酒效果要好得多，也不用花一分钱，省钱又省力。

素有"科学管理之父"之称的泰罗通过一系列试验发现，疲劳因素对工作效率有至关重要的影响。得到合理休息的工人的工作效率明显得到提高，在同样的时间内，能完成更多的工作量，一天下来，劳动成果是没有休息的其他工人的四五倍。由此可知，疲劳前的休息多么有益！

因此，保持生机勃勃、精力充沛、永不劳累的秘密，就是常常休息，在你感到疲劳之前先休息。

学会忙里偷闲，张弛有度

这是一个令人难以置信的事实：只劳力工作，并不会让人感到疲倦。英国著名的精神病理学家哈德菲尔德在其《权力心理学》一书中写道："大部分疲劳的原因源于精神因素，真正因生理消耗而产生的疲劳是很少的。"

著名精神病理学家布利尔更加肯定地说："健康状况良好而常坐着工作的人，他们的疲劳百分之百是由于心理的因素，或是我们所谓的情绪因素。"

那长期工作者存在的情绪因素是什么？喜悦？满足？当然不是！而是厌烦、不满，觉得自己无用、匆忙、焦虑、忧烦等。这些情绪因素会消耗掉这些长期坐着工作的人的精力，使他们容易精力减弱，每天带着头痛回家。不错，是我们的情绪在体内制造出紧张而使我们觉得疲倦。

为什么你在工作时会感到疲劳呢？著名精神病理分析家丹尼尔·乔塞林说："我发现症结在哪里了——几乎全世界的人都相信，工作认不认真，在于你是否有一种努力、辛劳的感觉，否则就不算做得好。"于是，当我们聚精会神的时候，总是皱着眉头，紧绷肩膀，我们要肌肉做出努力的动作，其实那与大脑的工作一点关系也没有。

大多数人不会随便地浪费自己的金钱，但是他们却在鲁莽地浪费自己的精力，这是一个令人难以置信却必须承认的事实，那么，什么才是解除精神疲劳的方法？要学会在工作的时候让自己放松。

古人云："一张一弛，文武之道也。"人生也应该有张有弛，也应该忙里偷闲。人生就像根弦，太松了，弹不出优美的乐曲；太紧了，容易断。只有松紧合适，才能弹出舒缓优美的乐章。

休闲与工作并不矛盾。处理好二者的关系，最重要的是能拿得起，放得下。俗话说得好："磨刀不误砍柴工。"该工作的时候就好好工作，该休息放松的时候就玩个痛快。这样才能更好地工作，更好地生活。

工作、休闲应该合理搭配，劳逸结合。可以隔三差五地安排一个小节目，比如雨中散步、周末郊游、烛光晚餐等。适时的忙里偷闲，可以让人从烦躁、疲惫中及时摆脱出来，从而获得内心的平静和安详。

要养成一种松弛有道的习惯，以最佳的精神状态应对工作，当你进行每天的工作时，就会获得一种放松的状态，更加理性、有激情。每天都要练习一会儿，并"详细地记得"放松的感觉。回想你的手臂、腿、背、颈、脸等各处的感觉。想象自己躺在床上，或坐在摇椅上，这样会帮你仔细回想。默默地对自己说几次："我觉得愈来愈放松。"每天练习几次，你会惊奇地发现这样不仅能大大减少你的疲乏，还会提高你的办事能力，由于经常放松，你就可以清除干扰你的忧心、紧张和焦虑了。

要学会放松，你还可以试试下面的方法：

（1）随时保持轻松，让身体像只猫一样松弛。猫全身软绵绵的，就像泡湿的报纸。懂得一点瑜伽术的人也说过，要想精通"松弛术"，就要学学懒猫。

（2）工作的环境要尽量舒适轻松。记住，身体的紧张会导致肩痛和精神疲劳。

（3）每天对着镜子看，并且自问："我做事有没有讲求效率？有没有让肌肉做那不必要的劳作？"这样会使你养成一种自我放松的习惯。

（4）晚上回想自己的一天过得是否有意义。想想看："我感觉有多累？如果我觉得累了，那不是因为劳心的缘故，而是我工作的方法不对。"丹尼尔·乔塞林说过："我不以自己劳累的程度去衡量工作效率，而用不累的程度去衡量。"他还说："一到晚上觉得特别累或者容易发脾气，我就知道当天工作的质量不佳。"如果全世界的工作者都懂得这个道理，那么，因过度紧张所引起的高血压死亡率就会迅速下降，我们的精神病院和疗养院也不会人满为患了。

其实，不只是工作，做任何事情都一样，学会忙里偷闲，松弛有道。让自己不过于劳累，保持一个平和的心态，才能有更好的心情和活力去做事情。

尝试简约生活，别活得太累

你是否经常发现自己莫名其妙地陷入一种不安之中，而找不出合理的理由？面对生活，我们的内心会发出微弱的呼唤，只有躲开外在的嘈杂喧闹，静静聆听并听从它，你才会做出正确的选择，否则，你将在匆忙喧闹的生活中迷失，找不到真正的自我。

一些过高的期望其实并不能给你带来快乐，反而会一直左右我们的生活：拥有宽敞豪华的寓所；完美的婚姻；让孩子享受最好的教育，成为最有出息的人；努力工作以争取更高的社会地位；能买高档商品，穿名贵的皮衣；跟上流行的大潮，永不落伍。

要想过一种简单的生活，改变这些过高期望是很重要的。富裕奢华的生活需要付出巨大的代价，而且并不能给人带来幸福。如果我们降低对物质的需求，改变这种奢华的生活目标，我们将节省更多的时间充实自己。轻闲的生活将让人更加自信果敢，珍视人与人之间的情感，提高生活质量。幸福、快乐、轻松是简单生活追求的目标。这样的生活更能让人认识到生命的真谛。

生活需要简单来沉淀。跳出忙碌的圈子，丢掉过高的期望，走进自己的内心，认真地体验生活、享受生活，你会发现生活原本就是简单而富有乐趣的。简单生活不是忙碌的生活，也不是贫乏的生活，它只是一种不让自己迷失的方法，你可以因此抛弃那些纷繁而无意义的事情，全身心投入你的生活，体验生命的激情和至高境界。

一位专栏作家曾这样描述过一个美国普通上班族的一天：

7点铃声响起，开始起床忙碌：洗澡，穿职业套装——有些是西装、裙装，另一些是大套服，医务人员穿白色的，建筑工人穿牛仔和法兰绒T恤。吃早餐（如果有时间的话）。抓起水杯和工作包（或者餐盒），跳进汽车，接受每天被称为高峰时间的惩罚。

从上午9点到下午5点工作……装得忙忙碌碌，掩饰错误，微笑着接受不现实的最后期限。当"重组"或"裁员"的斧子（或者直接炒鱿鱼）落在别人头上时，自己长长地松了一口气。扛起额外增加的工作，不断看表，思想上和你内心的良知作斗争，行动上却和你的老板保持一致。再次微笑。

下午5点整，坐进车里，行驶在回家的高速公路上。与配偶、孩子或室友友好相处。吃饭，看电视。

8小时天赐的大脑空白。

文章中描写的那种机械无趣的生活离我们并不遥远。我们和美国普通劳动者一样，每天都在一片大脑空白中忙碌着，置身于一件件做不完的琐事和想不到尽头的杂念中，丝毫体验不到生活的乐趣，这个时候，我们就需要抛开一切，让自己休息一段时间，这样，你就会重新找到生活的意义和乐趣。

什么事情也不做，可以从每天抽出1小时。一个人静静地待着，放下所有的工作，当然前提是，你要找一个清静的地方，否则如果是有熟人经过，你们一定会像往常那样漫无边际地聊起来。也许刚开始的时候，你会觉得心慌意乱，因为还有那么多事情等着你去干，你会想如果是工作的话，早就把明天的计划拟定好了，这样坐着，分明就是在浪费时间。可是，如果你把这些念头从大脑中赶走，坚持下去，渐渐地你就会发现整个人都轻松多了，这1个小时的清闲让你感觉很舒服，工作起来也不再像以前那样手忙脚乱，你可以很从容地去处理各种事务，不再有逼迫感。你可以逐渐延长空闲的时间，4小时、半天甚至一天。

抽出一点时间，抛开一切事情，什么也不干，一旦养成习惯，你的生活将得到很大改善，把你从混乱无章的感觉中解救出来，让头脑得到彻底净化。

量力而为，才不会力不从心

生活里，有人为了获得巨大的利益，不停地调整自己的路线，甚至急躁地想要直奔利益的终点，可是急于求成的人往往会事倍功半。还有一些人，他们每天都在为了未来的事情操心，最后把自己弄得身心俱疲。但是命运只肯按照现实的样子，向我们展示生活，根本不可能因为我们的急躁就提前向我们展开未来的画卷。所以，我们只能按照自己既定的生活路线，一步一步慢慢地向前行走，为自己的未来打开局面。

有一位登山运动员攀登珠峰，在到达海拔8000米处时，因为感觉体力不支而停了下来。后来当他讲到这段经历时，大家都替他惋惜，为何不再坚持一下呢？再咬紧一下牙关，再攀一点高度！但是他非常肯定地说："不。我自己最清楚，海拔8000米是我登山生涯的最高点，我一点都没有遗憾。"因为他清楚地知道海拔8000米是他人生的最高点。

假如在攀登过程中，这位运动员不顾身体的劳累，咬紧牙关奋力向上，等待他的可能不是成功的喜悦，而是更强烈的高原反应，他也许会因体力不支而倒下，他也许再也没有办法继续他的人生。因此，他明智地退出，这样既保全了性命，又获得了属于自己的荣耀，同时也达到了自己人生的最高峰。如果我们在生活中也能这样量力而为，那么我们的人生将因此而充实无憾，我们前行的道路因此而绵延悠长。量力而为，才不会力不从心，才会领略到生命别样的风采。

对于工作和生活，我们不用刻意去追求，只要用心经营，憧憬着美好的前途，量力而行，即使眼前是一片荆棘，也不会觉得力不从心。我们或许会感叹自己的生活平淡无味，有时会觉得自己的工作琐碎繁重，有时会气馁于工作上的某种失败，但只要我们时常怀有感恩的心态，便能从腐朽中发现神奇，从平凡中寻到精彩，从失败中吸取教训。

我们需要跳出忙碌的圈子，降低自己本身的期望，全身心地体验生活，放松地拥抱生活，才会发现生活原本就是简单而富有乐趣的。简单的生活并不代表着要枯燥乏味，而且正好相反，是我们听从内心的呼唤，抛弃那些纷繁而无意义的事情，投入新的生活，体验生活的本来色彩和淳朴趣味。

心灵是一方广袤的天空，它包容着世间的一切；心灵是一片宁静的湖水，偶尔也会泛起阵阵涟漪；心灵是一块皑皑的雪原，它辉映出一个缤纷的世界。尘世间，无数人眷恋轰轰烈烈，为了金钱，或者为了名利而狼狈地聚集在一起互相排挤、相互厮杀。而生活的智者却总能留一江春水细浪，淘洗劳碌之身躯，存一颗闲静淡泊之心，寄寓灵魂。追求更高的生活境界固然很好，但是必须记住：只有量力而为，才不会力不从心。

迎接改变，告别厌倦

由于长期重复着一种生活状态，琐碎、平凡的生活渐渐磨平了许多人最初的激情和向往。他们开始对自己的生活状态产生腻烦的情绪，甚至出现情感疲倦。

腻烦和疲倦其实是对生活状态两种迥然不同的注解。腻烦主要是对事物的关注和吸收能力达到一种饱和，如同一满杯水，不管再往杯子里注入多少水，水都会溢出一样；而疲倦则是对当前生活方式的厌恶，找不到一丝新鲜感和兴趣。当前职场中有很多人都处于工作的疲倦期。

"只要一提起上班，我心里就厌烦得不行，什么时候才能摆脱上班的痛苦？"李娟大学毕业没多久，就在一家外企供职。工作一年多后，她逐渐产生了"厌班症"。

李娟的工作并不是很复杂，作为公司的文员，她主要负责每天接收、发送一些文件，偶尔协助公司其他部门组织一些活动。

起初，李娟以饱满的热情进入公司。待熟悉公司的流程和自己的具体业务之后，她慢慢适应了当前的工作，并按部就班地做着这份在别人眼里很轻松的工作。时间一长，李娟渐渐地感觉到单调和无聊。

有几次，李娟都萌发出"跳槽"的想法，但遭到家里人的一致反对。母亲总是说她好高骛远，"这份在别人眼里想找都找不到的工作，可千万不要随便放弃。"

工作的单调无趣让李娟怎么也提不起工作热情，做着"鸡肋"一样的工作，她情绪一直都不高。"今后还要这样过日子吗？"想起这些，李娟就感到迷茫和无助。

案例中的李娟即进入了职场的疲惫期。我们常说在厌倦工作的时候，可以采取休息的方式帮助放松、缓解疲劳，但是对于上述情况，休息显然并不能帮助李娟摆脱"鸡肋"。李娟不如转换到其他不同性质的工作上。

换个工作，转移自己的注意力，重新调整自己的情绪继续出发，这是应对职场疲惫期的好办法。但是，任何一种生活方式过得久了，往往就没有新鲜感了，也有可能会再次陷入疲惫状态。不停地换工作并不是个长久之计。这时就需要我们在转换工作的时候，一定要将兴趣和需要紧密结合起来。类似李娟这种情况的人，可以结合自己的兴趣，制定一个切实可行的目标，为实现目标而努力将会感到生活更有新鲜感和趣味性。

改善厌倦的情绪还要从自身入手。如果是因为对事情不了解而没有兴趣，可以在工作中培养自己的兴趣。如，当深入处理枯燥的报表数据时，可能会对相应的电子表格软件产生兴趣。如果手头的工作实在提不起自己的兴趣，也得不到别人的认可，那么，不妨换个方式给自己以鼓励。可以将自己喜欢的事情安排在自己厌烦的事情之后，这样自己就有了做好手头事情的动力。当然，如果自己觉得当前这份工作实在是不适合自己，那么，放弃它也不失为明智的选择。

另外，要用一颗平常的心看待和接受自己的厌倦情绪，并针对产生这些厌倦情绪的原因进行疏导。不能刻意抑制，否则只能加重自己的反感情绪。当决定进行眼前工作的时候，自己就没有办法选择其他的工作了，唯一可以选择的就是改变自己的态度。厌倦大多数只是一时的情绪反应，过一段时期情绪就会缓和过来。因此，要正常看待自己的职场厌倦期。

当自己对一种生活方式感到厌倦的时候，不妨接受并寻找厌倦的原因，然后有针对性地做出改变。生活不可能一成不变，也不应该一成不变，变动的生活或许才更有朝气和活力。当需要改变的时候，也不要畏首畏尾，继续勇敢向前走。要相信：穷则变，变则通，通则久。做好迎接变化的各种准备，变化就可能给自己带来更多的惊喜。

控制思维，调动你的快乐情绪

哈佛大学教授威廉斯说："情感似乎指引着行动，但事实上，行动与情感是可以互相指引、互相合作的。快乐并非来自外力，而是来自于内心，因此，当你不快乐的时候，你可以挺起胸膛，强迫自己快乐起来。"

一位著名的电视节目主持人，邀请了一位老人做他的节目特邀嘉宾。这位老人的确不同凡响。他讲话的内容完全是毫无准备的，当然绝对没有预演过。

他的话把他映衬得魅力四射，不管他什么时候说什么话，听起来总是特别贴切，毫不做作，观众听着他轻松而略带诙谐的话语都笑弯了腰。主持人也显然对这位幸福快乐的老人印象极佳，像观众一样享受着老人带来的快乐。

最后，主持人禁不住问这位老人："您这么快乐，一定有什么特别的快乐秘诀吧！"

"没有，"老人回答道，"我没有什么了不起的秘诀。我快乐的原因非常简单，每天当我起床的时候我有两个选择——快乐和不快乐，不管快乐与否，时间仍然会不停地流逝，我当然会选择快乐。如果要秘诀的话，这就是我快乐的秘诀。"

老人的解释听起来似乎过于简单，但是他的话却包含着深刻的道理。记得林肯曾经说过："人们的快乐不过就和他们的决定一样罢了。"你可以不快乐，如果你想要不快乐。你可以告诉自己所有的事都不顺心，没有什么是令人满意的，这样，你肯定不快乐。但是，如果你要快乐，尽管告诉自己："一切都进展顺利，生活过得很好，我选择快乐。"那么可以确定的是你的选择会变成现实。

"即使到了我生命的最后一天，我也要像太阳一样，总是面对着事物光明的一面。"诗人胡德说。

快乐是对自己的一种热爱，快乐是幸福的必需品，快乐是一种积极的心态，快乐是一种心灵的满足。你选择快乐，快乐就会选择你。

快乐可使人健康长寿，"笑一笑，十年少"，良好的情绪则是心理健康的保证。情绪即情感，指人的喜、怒、哀、乐等，常伴随个人的立场、观点及生活经历而转移。愉快的情绪会带来欢乐、高兴、喜悦，能使人心情舒畅、驱散疲劳，使人对未来充满信心，能承受生活中的种种压力。

其实，快乐原本就是很简单的事情，就像是小孩子一样，小孩子为什么很容易就能获取快乐？是因为他简单。简单地哭，简单地笑，简单地释放自我。而我们承认欠缺的就是这种简单，我们总会问："我要怎样才能得到快乐？""我要怎样才能获得幸福？"快乐和幸福本就在你的手上，没有人可以拿得走，只不过，我们对自己缺乏一份信任，认为快乐和幸福不是那么简单就可以握在手中的。

第八章

走出抑郁：抑郁不是终点，而是自我发现的起点

做自己最好的朋友

抑郁是人们常见的情绪困扰，是一种感到无力应付外界压力而产生的消极情绪，常常伴有厌恶、痛苦、羞愧、自卑等情绪。它不分性别年龄，是大部分人都有的经验。对大多数人来说，抑郁只是偶尔出现，历时很短，很快就会消失。但对有些人来说，则会经常地、迅速地陷入抑郁的状态而不能自拔。当抑郁一直持续下去，越来越严重以致无法过正常的生活时，即变成抑郁症。

抑郁是人性的一部分。在情绪不好的时候，在需要向别人倾诉的时候，千万不要一个人默默地独自承受。

青春本该是无忧无虑的，青春期的孩子都有着最纯真的笑容和最年轻无畏的心。但是，14岁的凯瑞却不这么认为，她在心里埋怨着这"烦恼的花季"。自从进入中学之后，凯瑞就从来没有开心过，每天都有做不完的作业和练习题。除了老师布置的作业，父母还专门给她请了钢琴老师教她弹琴。凯瑞也曾向父母抗议，但是父母根本没有理会她。

看着伙伴们在外面自由自在地玩耍，凯瑞却只能一遍又一遍地弹着练习曲，她的情绪越来越低落，常常一整天一言不发，不与同学交谈。因为很少见到她笑，同学们送给她"冷美人"的称呼。凯瑞开始喜欢孤独，常常莫名其妙地流眼泪……

凯瑞在各种压力下，陷入了抑郁的旋涡。

有些抑郁症患者倾向于退居人群之外，他们对周遭的事物失去兴趣，因而无法体验各种快乐。对他们而言，每件事物都显得晦暗，时间也变得特别难熬。通常，他们脾气暴躁，而且，常试着用睡眠来驱走抑郁或烦闷，或者随处坐卧、无所事事。大部分人所患的抑郁症并不严重，他们仍和正常人一样从事各种活动，只是能力较差，动作较慢。

除出现抑郁的情绪外，身体上也会出现的变化，常见的症状有：

（1）在吃、睡以及其他方面失去兴趣或出现困难。

（2）对外在事物漠不关心。

（3）消化不良、便秘及头痛。

（4）与现实脱节。

（5）无故而发的罪恶感及无用感。

（6）幻想。

（7）退缩。

抑郁是一种很常见的情绪障碍，长期抑郁会使人的身心受到损害，使人无法正常地工作、学习和生活，但不需要过分担心。经过适当调适后，大多数人都可以恢复正常、快乐的生活。

面对压力时，有的人可以平稳地度过，而另一些人往往容易诱发抑郁情绪，甚至患上抑郁症。

日常生活中，也许你会因为没有做好一件事情而焦躁不安，甚至深深自责。其实你大可不必如此，你可以换一种方式来完成它。你可以将大事分割成小事，并规定自己一次只做一件事，这样完成一件事情就会变得容易很多。

当自己处于困境，或表现不好时，你可以对自己说："我已经尽力了，结果虽然和自己想象的有距离，但是肯努力就是一种进步，慢慢来，千里之行，始于足下。"这样，渐渐地你就会摆脱抑郁情绪的困扰。

同时，足够的信心对克服抑郁症也十分关键。生活中，很多已经克服了抑郁症的患者依然惴惴不安，总是担心抑郁症复发。自己心情稍有波动，就会误以为是抑郁又找上了自己。不要以为抑郁症总会复发，那样会给自己的心理造成一种消极暗示。

抑郁者常常会选择与孤独相伴，这样只会让自己在孤独中感到更加空虚、茫然。所以，你应该主动和人接触，不要总把自己封闭起来。你可以找自己信得过的朋友聊聊天，或多参加有益的活动等。

作为一种心理问题，抑郁患者常常诋毁自己，使自己陷入一种自责、悔恨、恍惚、迷失之中。如果任凭自己这样发展下去，结果将会更加糟糕。这时最需要做的是接受自己，做自己最好的朋友，能从内心接受自己是抑郁者的最大突破。

没有人不幸到会遇上所有的坏事情，也没人幸运到会遇上一切的好事情，那为什么人的心境会有天壤之别呢？其实问题，恰恰在人的内心。当体验到了生活中美好的东西时，你的生活自然就充满激情了。

别让抑郁遮盖了五彩斑斓的生活

在我们的生活中，总会遇到诸如成绩下降、生病难受、父母离异、家庭窘迫等情况，这时很多人都会产生悲观、失望、忧郁、焦虑等情绪。

人生难免遭受挫折，总会遇到各种不如意。面对生命中的这些难题，我们应该积极应对，走出阴霾，不要让抑郁遮盖了青春的五彩斑斓。

小静是个多愁善感的女孩，常会为了一些平常的小事掉眼泪，一本煽情的小说、一部感人的电影，或是家里的小宠物生病了，都会使她非常难过。爸爸妈妈见到她这样，告诉她："你要是经常伤心，会很容易生病的。"听了父母这样的话，小静的眼泪更加不由自主地流了下来。

如今，小静上初三了，马上就要中考了，她变得更加容易忧伤了。因为她比较喜欢文学，而对数理化各科均不感兴趣，一到数理化考试，小静就很头痛，而考试结果更是让脆弱的小静难以接受。

同时，爸爸最近的表现也令小静感到很烦恼，她觉得爸爸不再像以前那么爱她了。以前，小静总是喜欢钻进爸爸的怀里撒娇，可现在她这样做的时候，爸爸就会说："小静，你已经长大了，不能总在爸爸的怀里撒娇。"小静便认为爸爸不再爱自己了。她每天都觉得不开心，心情就像阴沉沉的天空，随时就会下起雨来。

虽然心中有很多苦恼，但是小静从来不对别人讲，只是把它们深深地埋在心底。她觉得没有人能够体会到她的忧伤，而且还常常为此而偷偷地掉眼泪。由于心情很差，休息也不好，小静的身体越来越差，有一天上课的时候，她竟然晕倒在课堂上。老师和同学将她送进了医院，医生给小静做出了诊断：青春期抑郁症。

青春期原本应该是五彩斑斓的，但是抑郁却让青春期蒙上了一层阴影。其实不止是青春期，人生的各个阶段都不时会有抑郁的情绪来打扰，抑郁起源于对生活的不顺心，对此，我们应进行积极的心理调适，走出阴霾。以下八种方法，大家不妨一试：

第一，沉着冷静，不慌不怒。从客观、主观、目标、环境、条件等方面，找出受挫的原因，采取有效的补救措施。

第二，移花接木，灵活机动。原先的预期目标受挫，可以改用别的途径达到目标，或者改换新的目标，获得新的胜利，即"失之东隅，收之桑榆"。

第三，自我宽慰，乐观自信。能容忍挫折，心胸坦荡，积极乐观，发愤图强，满怀信心去争取成功。

第四，鼓足勇气，再接再厉。要勇往直前，加倍努力，要认识到正是生命中的种种不顺利才使我们变得聪明和成熟。

第五，情绪转移，寻求升华。可以通过自己喜爱的集邮、写作、书法、美术、音乐、舞蹈、体育锻炼等方式，使情绪得以调适、情感得以升华。

第六，学会宣泄，摆脱压力。找一两个亲近、理解你的人，把心里的话全部倾吐出来，摆脱压抑状态，放松身心。

第七，学会幽默，自我解嘲。幽默和自嘲是宣泄积郁、平衡心态、制造快乐的良方。我们不妨采用阿Q的精神胜利法或幽默的方法来调整心态。

第八，必要时求助于心理咨询。当你无法独自走出心理阴霾时，不妨求助于心理咨询机构。

人生在世，不可能事事得意、事事顺心。面对挫折能够虚怀若谷、大智若愚，保持一种恬淡平和的心境，这是人生的智慧。正如马克思所言："一种美好的心情，比十服良药更能解除生理上的疲惫和痛楚。"

正视无法控制的事情

没有人能告诉你生活中将会发生什么，人没有预知未来的神奇力量。我们都希望高兴的事情能多一些，希望是美好的，有时现实却很残酷，情绪也随着低落，为此，有些人郁郁寡欢，养成抑郁的习惯，结果让自己的生活充满阴霾。我们既然不能控制事情的走向，为什么不改变面对事实、尤其是坏事的情绪呢？

有些人仅仅因为打翻了一杯牛奶或轮胎漏气就神情沮丧，情绪失去控制。这不值得，甚至有些愚蠢。

许多时候打败我们的，不是别人，而是我们自己。勇敢地去面对生活，始终保持一种乐观的心态，我们就会成为不可战胜的英雄。

也许我们现在所生活的环境，不利于我们的事业、兴趣的发展。这时，我们感到抑郁，埋怨世界、抱怨环境是没有用的，只能从思想上去适应它。普希金说，假如生活欺骗了你，不要忧郁，也不要愤慨。我们的心憧憬着未来,现今总是令人悲哀,一切都是暂时的,转瞬即逝,而那逝去的将变为美好的。在漫长而蜿蜒的生命旅途上,如果很多挫折和颠簸是我们必须要走的一段路,就要学会在满身泥泞中还要面带笑容,在电闪雷鸣中也要高声歌唱,用乐观的心看待生活,认定一个目标,并坚定不移地走下去,这样我们才能够体验最真实的生活,我们才有踏上平坦和开阔道路的机会。

张军是一个工作很努力的人,在公司5年了,业绩一直不错,也深受领导的厚爱。但是两个月前,他的领导被调往了纽约总部,他面临的这位新领导是公司老总的儿子,能力不高,但是却特别傲慢。张军非常不适应这位"太子爷"的行事作风。因此张军这两个月的情绪很低落,工作的热情也慢慢消失殆尽。

这时,一位和他关系还不错的前辈告诉他:每个人都会遇到诸如此类的事情,自己无法改变,那就不要为了它难过,振作起精神来,以饱满的情绪去做你真正该做的事情。

后来,张军也想明白了,老前辈说的有道理,于是他重新开始努力工作,后来他原来的领导因为缺人手,就把他调到了纽约总部。

许多事情就像例子中讲的那样,属于我们无法改变的范畴,如果为了它们而产生负面情绪,真的非常不值得。不如放开心胸,远离抑郁,说不定会有转机发生。

人生在世,总难免会遇到不开心的事情,但千万不要为你无法控制的事情而抑郁,你完全具备选择对某件事情采取何种态度的能力。如果你不控制情绪,情绪就会控制你。所以别把牛奶洒了当作生死大事来对待,也别为一只瘪了的轮胎苦恼万分,既然事情已经摆在了面前,就不能闭上眼睛,应该勇敢地正视它,然后再勇敢地解决它。如果面包放错了位置,如果你失去了一次升职的机会,坦然地接受它们,否则,它们会毁了你取胜的信心。

在困境中依然保持着泰然、豁达心境的人，无疑是一个在厄运面前不会绝望的人，这人注定永远不会被生活所击垮。

当自己已经尽力，可因为个人无法控制的所谓"天命"而使事情变糟时，恐慌、着急、抑郁、悔恨都无济于事，不如坦然面对——清除抑郁情绪，保持轻松心态。

遭遇更年期女性的情绪危害

更年期的情绪是最难以控制的，它不仅强烈，而且变化也快。

不少女性一进入更年期就开始变得烦躁、焦虑、不安、情绪不稳、易怒、不自信，认为人生已过大半，已经没多大意义了，找不到生活的方向。女性在月经断绝前后一段时间内由于卵巢功能衰退，雌激素分泌减少而引起一系列生理和心理的改变，产生以自主神经功能紊乱为主的临床表现。其常见症状为阵发性烦热、出汗、胸闷、易激动、情绪不稳等生理上的一些变化，雌性激素分泌开始减少，人会自然出现衰老。

首先应正确认知这是一种生命的自然规律，从出生到成长再到衰老，任何人都不可违背这种规律。才出生的婴儿好比初升的太阳，人到五十刚过正午，开始渐渐走向夕阳，其实夕阳也是无限好的。要知道人生该做的都已做了不少，人生已经有收获了，更多的应该去享受这种硕果。此时可以培养新的兴趣，比如书法、音乐、舞蹈等，重新找到生活的支撑点，做你想做而没做的事，当你寻找到生活的又一个目标时，你的生活会变得更有意义。当你重新找回自信时，你会发现你依然那么美丽。

更年期抑郁症主要是指发生在女性更年期的一种抑郁状态。它的特点是患者出现烦躁、情绪低落、容易激动、怀疑自己会得大病，从而忧心忡忡；此外，许多患者可伴随如心慌、憋气、胃肠功能紊乱、阵发性潮热等躯体不适的症状。

此病的起因可能与性激素变化有关，也与中年时期社会压力增大、需要操心的事情增多有关，与家庭环境也有一定的关系。有学者研究发现，此时患者的子女已长大，开始离家独立，几十年来形成的模式被改变；同时，丈夫对其照顾明显减少等，均可引起情绪的变化。

更年期抑郁症是一种发生在更年期的常见精神障碍。更年期抑郁症患者常常发生生理和心理方面的改变。生理功能方面的变化多以消化系统、心血管系统和自主神经系统的临床症状为主要表现：食欲减退、上腹部不适、口干、便秘、腹泻、心悸、血压改变、脉搏增快或减慢、胸闷、四肢麻木、发冷、发热、性欲减退、月经变化以及睡眠障碍、眩晕、乏力等。生理方面变化常在精神症状之前出现，往往随着病情发展而加重，经过治疗后躯体症状消失得也比精神症状早。

更年期抑郁症一般起病缓慢，逐渐发展，病程较长，开始多表现为神经衰弱症状，如失眠、乏力、头昏、头疼、烦躁不安等各种躯体不适感。病人常是情绪低落、郁郁寡欢、焦虑不安、过分担心发生意外，以悲观消极的心情回忆往事，对比现在，忧虑将来。认为自己过去年轻有为，工作很有成就，而现在年过半百，好似"日落西山，已近黄昏"，情绪沮丧、反应迟钝，自感精力不足、做事力不从心、对平常喜欢的事提不起兴趣，特别是易疲劳，休息后也不能缓解，是一个"只会吃饭，不会干事的废人"。

他们还常感觉大祸临头，并有搓手顿足、纠缠他人的现象。反复回忆既往不愉快的经历，当回忆过去在某些方面曾有过一些微不足道的缺点错误时，常追悔莫及，认为自己给国家、家庭带来了无可挽回的损失，现在应受到惩罚，死有余辜。更有甚者，回忆以往的一些生活琐事，如与某人发生过口角未曾道歉，这些都已"铸成大错"，无法弥补，在此基础上，患者认为自己不仅无用，而且有罪，周围的人也都在议论自己，甚至有人要谋害自己，即精神病性症状的关系妄想、被害妄想、自罪妄想。

很多病人还具有疑病妄想和虚无妄想，即对自己躯体方面过分关心，对一些细微的不适感觉都很敏感，认为自己的内脏已经腐烂，骨骼断裂，血液枯竭，罹患绝症，无药可治，为此恐惧焦虑。还有患者认为自己只剩下有形无实的躯壳，觉得周围的一切事物都变得不真实，虚无缥缈，无法捉摸。

总之，处于更年期的年龄阶段，感到对什么都不感兴趣，情绪低落、沮丧，整日紧张焦虑或怀疑自己患了不治之症，有时候常有这样那样的痛苦，可是又查不出具体疾病，均提示可能患了更年期抑郁症。在这种情况下应到专科医院就诊，及早进行有效治疗。

抑郁，是心灵的枷锁

对于大多数人来说，抑郁是对生活中的灾难或者对逆境的一种反应。当我们感到被周围所抛弃，当我们丧失了重要的东西，被羞辱被打击的时候，抑郁便悄然而至。

珍妮还记得中学时，有一次学校组织冬令营活动，那个寒冷的冬夜，她和杰瑞进行了彻夜长谈。珍妮是个内向的女孩，她真正意义上的朋友只有杰瑞一个，所以，她们的关系非常好。那一晚，她们聊了很多，谈亲情，谈爱情，谈学校的琐碎生活。

那次谈话一周后，珍妮举家搬迁，远离了故乡。她总是忘不了临别前杰瑞和她相拥痛哭的情景。她觉得自己这辈子再也找不到这样的朋友了。到了新环境的珍妮生活得并不快乐，她无法融入新的学校生活，陌生的环境，陌生的学校，让原本就内向的她更加忧郁沉默。

这样低落的情绪时常出来烦扰她，让她根本无法正常和人交朋友，她常常会陷入回忆中，企图从往事中找出一点快乐，然而，她越是这样，内心的郁结就越深，以致她常常悲伤落泪。

其实，像珍妮这样的例子有很多，我们总是留恋美好的事物，温馨的回忆，因为从这些情景当中，我们很容易就能够给自己找到安慰，但是我们通常会忽略一点，在我们寻找安慰的时候，我们悲观的情绪也在跟着衍生，进而困扰着我们的生活。

想要打破这种阴郁的生活，我们要做的就是打开心灵的锁，不要把自己的情感封存在里面，时间久了，它就会变质，长出苦涩的果子。

我们可以尝试着采取"交心"的措施，结交新朋友，来缓解抑郁情绪。交心是指两个已有联系的人通过真诚的交往，逐步进展到交换情绪的过程。这意味着，两个人可以分享私密的梦境、恐惧、思想及历史；可以不必隐藏或修饰，将自己最真的一面、最真实的感觉自由表现出来，不管它正面或是负面。

长期抑郁的患者所欠缺的，恰恰就是"交心"。

我们也会与他人联系，有时这个联系还非常稳固，但总达不到交心的境界。我们总是保留、修饰或试图掩藏真正的感情，因为觉得交心很危险。每次快到交心的境界时，就会急匆匆地踩下刹车。

与人交心的经验可以带来强烈的满足感，你在生活中一定体会过这种美妙。当回想起偶尔和他人自由自在、无拘无束地分享彼此真实感觉的经验时，都会觉得那次邂逅非常宝贵且意义别具。

交心能满足人内心的深层渴望。"联系"与"交心"，对能否真诚表达情感至关重要。只要打开心扉使两个条件同时发生，那一直纠缠你的不满与挫折感将顿时烟消云散，你会觉得生气勃勃、精力十足。想获得内心的满足感，并使其长久且有意义，那么，交心就是这种美好感觉的来源和舞台。

抑郁不单纯是孤独感，它还是一种隔离，这种隔离改变了你对周围环境的正常感觉。

对于抑郁的人，所有怜悯都不能穿透那堵把自己和世人隔开的墙壁。在这封闭的墙内，他们不仅拒绝别人哪怕是极微小的帮助，而且还用各种方式来惩罚自己。在抑郁这座牢狱里，拥有抑郁的人同时充当了双重角色：囚犯和罪人。

正是由于抑郁使人丧失了自尊与自信，他们总是自我责备、自我贬低。无论对环境还是对自我，都不能积极地对待。对环境压力总是被动地接受而不能积极地控制，更谈不上改造；对自我也总感到难以主宰而随波逐流，于是在人生征程上没有理想与期待，只有失望与沮丧。总感到茫然无助，陷入深重的失落感而难以自拔，对一切都难以适应，只能退缩回避。

勇于走出自己，生活中多结交一些朋友，我们空虚的心灵就会变得活跃起来。只有敞开自己的心灵，用心去接纳别人，与别人分享自己的快乐与忧伤，才能彻底摆脱抑郁的阴影。

忧郁情绪会给你制造假象

忧郁就好像透过一层黑色玻璃看一切事物。无论是考虑你自己，还是考虑世界或未来，任何事物看来都处于同样的阴郁而暗淡的光线之下。一旦戴上这副黑色的滤光镜，你就再也不能在其他的光线下观察任何事物。消极的思想与忧郁相伴，情绪低落导致消极的思想和回忆，反之，消极的思想和回忆又导致情绪低落，如此反复下去，形成一个持久而日益严重的忧郁恶性循环。

吉姆从未被诊断为抑郁症，他甚至没有和医生谈起过自己那些消极的想法或者是经常感到低落的心情。他是成功人士,生活中的一切都很如意;他有什么资格对别人抱怨呢?他只是一味地坐在车里,直到有什么事情令他打开车门走出去。他试图去想想自己的花园以及那些含苞待放的美丽郁金香,但是这些念头只会令他想起自己已经很久没有做清理工作,光是要把院子弄整洁一点的活儿就让他头痛不已。

他想起孩子和妻子,想到晚餐时可以和他们聊聊天,但不知道为什么这个念头只会让他更想早点上床睡觉。

昨晚睡觉前,他本来计划今天早点起床来完成昨天剩下的工作,可是他又起晚了。也许今晚他应该待在办公室,哪怕熬夜也要把所有的事情一次做完。

这样不安的情绪总会围绕着吉姆,吉姆不知道自己的这些不良情绪是从哪里冒出来的,明明他觉得自己是幸福的,成功的,可是,他不快乐。

吉姆的这种症状就是典型的抑郁症,无缘无故的情绪低落,时常感到生命的空虚,体验不到幸福感。这种特殊的心理屏障会改变我们对周围环境的正常感觉。

关琳是机关的女职员。今年27岁的她长相甜美,工资待遇也很优厚,父母疼爱她,她在家里就像一位小公主,这么大了,还时常在父母面前撒娇。

但是关琳的性格很偏执,每隔一段时间,她就会莫名其妙地发脾气,情绪也很低落,有时在单位一个星期都不和同事说一句话。父母了解,自然也不会怪她,可是外面的人不了解,他们以为关琳有些神经质,常常是避而远之。

关琳很苦恼,她不知道自己为什么会这样,她没有什么可以倾诉交谈的朋友,郁闷的时候想找个人聊天都很难。她又不想跟父母说,她觉得自己长这么大了,不应该再为父母添麻烦了。一年前经人介绍和某同事结了婚，但两人感情基础不好，常为一些小事吵架。

因此，两年来她有一种难以名状的苦闷与忧郁感，但又说不出什么原因，总是感到前途渺茫，一切都不顺心，老是想哭，但又哭不出来，即使是遇到喜事，关琳也毫无喜悦的心情。过去很有兴趣去看电影、听音乐，但后来就感到索然无味，工作上亦无法振作起来。

她深知自己如此长期忧郁愁苦会伤害身体，但又苦于无法解脱，并逐渐导致睡眠不好、多噩梦及胃口不好。有时她感到很悲观，甚至想一死了之，但对人生又有留恋，觉得死了不值得，因而下不了决心。

忧郁的人往往选择逃避问题或对问题过分执着，将其看得过于严重，这实际上是给自己增加不必要的精神压力。由于问题难以解决而干脆采取回避态度，但事实上问题依然存在，自己只是在表面上逃避，内心深处还是放不下，难题成为心头的沉重包袱。

美国克莱斯勒公司的总经理凯勒说："要是我碰到很棘手的情况，只要想得出办法能解决的，我就去做。要是干不成的，我就干脆把它忘了。我从来不为未来担心，因为，没有人能够知道未来会发生什么事情。影响未来的因素太多了，也没有人能说清这些影响都从何而来，所以，何必为它们担心呢？"

不要向自己行窃

你为什么不快乐？你问过自己不快乐的原因吗？还是你一直就没有想过要挣脱消极情绪的锁链，为自己寻找快乐的天空。

一位哲人曾说："如果我们感到自己可怜，很可能会一直感到自己可怜。"对于日常生活中使我们不快乐的那些琐事与环境，我们可以由思考使我们感到快乐，这就是，大部分时间想着光明的目标与未来。而对小烦恼、小挫折，我们也很可能习惯性地反映出暴躁、不满、懊悔与不安，这样的反应我们已经"练习"了很久，所以成了一种习惯。

这种不快乐反应的产生，大部分是由于我们把它解释为"对自尊的打击"等这类原因。司机没有必要冲着我们按喇叭；我们讲话时某位人士没注意听甚至插嘴打断我们；认为某人愿意帮助我们而事实却不然；甚至个人对于事情的解释不同，结果也会伤了我们的自尊；我们要搭的公共汽车竟然迟开；我们计划要郊游，结果下起雨来；我们急着赶飞机，结果交通阻塞……这样我们的反应是生气、懊悔、自怜。

有一位心理医生，他每天要看许多病人，并且要很有耐心地倾听病人述说心中的忧郁和焦虑。他每天所接触的人都显得愁眉苦脸，所以，他被那些不快乐的情绪感染得也很不快乐，日子一久，他觉得心中的压力非常大。为了平衡自己的情绪、缓解压力，他时常去看喜剧，目的就是让自己开怀大笑一番。

有一天，他正低头在一位病人的病历卡上记录诊断结果，却听到一个很熟悉的声音说："医生，我很不快乐，生活中没有让我开心的事情，活着实在是没有什么意义，我真想死。"

心理医生抬头一看，却看到一张熟悉的面孔，他居然是让自己捧腹大笑的喜剧演员。这样的巧遇，让他不禁哑然失笑。他低头想了一下说："这样吧！你我交换一下，我当一天喜剧演员，你当一天心理医生，怎么样？"喜剧演员原本以为这位心理医生在开玩笑，但是看他一脸认真的表情，又不像是开玩笑，于是思考片刻，接受了这个建议。

喜剧演员扮演了一天"代理医师"，除了药方由在幕后的心理医生开列之外，他有模有样地询问病人的病情，并且努力开导病人要寻找一个正确的人生方向。心理医生在喜剧演员的教导之下，也在剧院表演了一幕喜剧。他忘却了自己的医师身份，在舞台上装疯卖傻，惹得观众捧腹大笑。他站在舞台之上，看到台下有这么多的笑脸，他的心情也好极了。之后，两人又恢复各自的身份。

有一天，喜剧演员又挂号来看心理医师。"医师，我找到了平衡点，现在我知道了，其实我的工作非常有意义，我的每一个喜剧动作所引起的每个笑容都是我的成就。我不想死了，因为我的存在可以帮助那么多不快乐的人，让他们获得心理上的平衡。"喜剧演员容光焕发地说。心理医生微笑着点了点头说："是啊！我也要谢谢你让我有机会知道，我也有能力制造许多的笑脸。"从此以后，当病人坐在候诊室等候看病时，都能听到由诊疗室中传出来的幽默话语和病人的大笑声。

抑郁不单纯是孤独感，它还是一种自我隔离。我们周围常常有这类人，当生活环境发生重大变化而呈现出巨大反差时，当人生之旅中出现一些变故、遇到一些挫折时，或者仅仅是环境不如意时，他们便精神不振、心神不定，百无聊赖而焦躁不安，不思茶饭，更无心工作，甚至不想生活，整个儿跌入消极颓丧中。

生活中，抑郁的人不在少数，他们为了生活烦忧，为了工作发愁，为了一切不如意的事情伤身，他们明明知道这样做对自己没有任何帮助，却依旧在坏情绪中深陷。

难道是别人偷走了你的快乐？难道所有不快乐的情绪都是他人造成的？不是，是我们自己，是我们自己固执地把自己关在抑郁的牢笼里，不想出来。所以，我们的世界变小了，快乐变少了，人变得更加消沉，情绪变得更加低落。既然我们了解，为什么不修正自己呢？我就是偷走自己快乐的小偷，如果我们肯改变自己，修正不良情绪，快乐就会重新回到我们身边。

抑郁不是天生的

有抑郁情绪的人说，她是在毫无知觉的情况下，中了抑郁情绪的毒。这并不奇怪，因为很多时候，我们都不知道自己什么时候不知不觉变得抑郁起来。我们所能察觉的是，心情不太好，还有点提不起劲儿……问题或许从这时候起就已经显山露水了，然后我们才会恍然：原来抑郁是从情绪低落开始的。

一位年轻人总觉得自己不够快乐，心情总是莫名地低落，做什么都没有兴致。他决定去拜访一位智者，请他开示。

见到智者之后，年轻人问："为什么我总是觉得自己不幸福呢？生活中，没有任何事情能让我打起精神来。我如何才能变成一个让自己愉快幸福，也能够给别人带来幸福愉快的人呢？"

智者笑着望着他说："孩子，你有这样的愿望，已经很难得了。很多比你年长的人，从他们问的问题本身就可以看出，不管给他们多少解释，都不可能让他们明白真正的道理，就只好让他们依然那样。"

少年满怀虔诚地听着，却并不了解智者的意思，于是问道："可是，我并不幸福啊！我每天看到太阳升起来，就会觉得生命又短了，看到夕阳，就觉得一天又没了。看到花开，担心花谢，看到新生的婴儿，会想到逝去的老人。"。

智者听了，拍了拍年轻人的肩，说："我送给你三句话。第一句话是，把自己当成别人。你能说说这句话的含义吗？"

年轻人回答说："是不是说，在我感到忧伤的时候，就把自己当成是别人，这样痛苦就会自然减轻；当我欣喜若狂之时，把自己当成别人，那些狂喜也会变得平淡一些？"

智者微微点头，接着说："第二句话，把别人当成自己。"

年轻人沉思一会儿，说："这样就可以真正同情别人的不幸，理解别人的需求，而且在别人需要的时候给以恰当的帮助？"

智者两眼发光，继续说道："第三句话，把别人当成别人。"

年轻人说："这句话的意思是不是说，要充分地尊重每个人的独立性，任何情形下都不可侵犯他人的核心领地？"

智者哈哈大笑："很好，很好，孺子可教也。"

年轻人这时豁然开朗起来，原来，自己的不幸福完全是自己的低落情绪造成的啊！

情绪是可以转化和化解的。当不好的情绪袭击我们时，我要做的是将它移出去。就像那位年轻人领悟到的那样。后来年轻人变成了中年人，又变成了老人。再后来在他离开这个世界很久以后，人们都还时时提到他的名字。人们都说他也是一位智者，因为他是一个愉快的人，而且也给每一个见到过他的人带来了愉快。

抑郁不是天生的，它也不是人类的弱点，也不是意志品格或运气的标尺，但是这个像流感一样不时发作的疾病，为什么如此频繁地光顾这个时代？

我们之所以抑郁，是因为我们缺乏寻找快乐的能力。社会转型期人们对精神和物质追求的严重失衡，是导致诸多精神问题的根源。物极必反，人是精神实体的人，如果长期忽视自己的真实感受，问题就会出来。抑郁症其实不可怕，"抑郁"是人类正常情绪的一种，如果有强大的爱的力量支撑，完全可以走出来。这个爱包含着对自己的尊重和对外在世界的关爱。

社会上普遍存在一种观念误区：认为不遗余力地拼命工作才是值得尊敬和有价值的，但很多人成功了，也感到自己枯竭了。为什么？中国传统道家很有道理，张而不弛，某方面的资源就会被耗尽。真正成熟的人懂得调适自己，劳逸结合，会宣泄、会娱乐，不迫使自己追求超乎能力的目标。

其实，快乐和幸福有时候十分简单，比如常常笑。这样简单的表情不容易让人忘记。并且它常常能让人保持一种愉快的心情。当这愉快的心情敲击你的心门时，如果不能打开这扇紧闭的心门，你便不能与快乐同在。

愉快、喜悦和幸福并无先后关系，只要人的本性愉快、喜悦，幸福自然就存在其中了。品格会补偿任何缺憾，就像月亮把影子投在山上，月亮的圆满会漠视崎岖的山川，以其自身的美好而深感幸福。所以，不要被抑郁情绪左右了你，你需要做的是为自己找到一份简单的快乐。

了解抑郁症状，找对方法消除抑郁

抑郁的三大主要症状是情绪低落、思维迟缓和运动抑制。

情绪低落就是高兴不起来，总是忧愁伤感，甚至悲观绝望。思维迟缓就是自觉脑子不好使，记不住事，思考问题困难。人觉得脑子空空的、变笨了。运动抑制就是不爱活动，浑身发懒，走路缓慢，言语少等。严重的可能不吃不动，生活不能自理。

抑郁的表现多种多样，具备以上所有典型症状的人并不多见。很多人只具备其中的一点或两点，严重程度也因人而异。心情压抑、焦虑、兴趣丧失、精力不足、悲观失望、自我评价过低等，都是抑郁的常见症状，有时很难与一般的短时间的心情不好区分开来。如果上述的不适早晨起来严重，下午或晚上有部分缓解，那么，你抑郁的可能性就比较大了。

严重的抑郁会导致自杀。

自杀是抑郁症最危险的情况。社会自杀人群中可能有一半以上是抑郁症患者。有些不明原因的自杀者可能生前已患有严重的抑郁症，只不过没被及时发现罢了。由于自杀是在疾病发展到一定的严重程度时才发生的，所以及早发现疾病，及早治疗，对抑郁症的患者非常重要。现代人受社会、生活各方面压力的困扰，生活步调快，得失之间也变得鲜明无比，情绪的震荡常让一些上班族们晃得七荤八素，加上人际间竞争的复杂化，若稍有心理调适不当或外在支持无法配合，极易落入情绪忧郁的恶性循环中，引发失眠、抑郁等问题。

患有抑郁症的人，不同的人会表现出不同的抑郁状态，如果症状轻微的话，可以尝试自救。以下将介绍14项规则，认真遵守，抑郁的症状便会很快消失：

1. 遵守生活秩序，从稳定规律的生活中领会生活情趣。按时就餐，均衡饮食，避免吸烟、饮酒及滥用药物，有规律地安排户外运动，与人约会准时到达，保证8小时睡眠。

2. 注意自己的外在形象，保持居室整齐的环境。

3. 即使心事重重，沉重低落，也试图积极地工作，让自己阳光起来。

4. 不必强压怒气，对人对事宽容大度，少生闷气。

5. 不断学习，主动吸收新知识，尽可能接受和适应新的环境。

6. 树立挑战意识，学会主动解决矛盾，并相信自己会成功。

7. 遇事不慌，即使你心情烦闷，仍要特别注意自己的言行，让自己合乎生活情理。

8. 对别人抛弃冷漠和疏远的态度，积极地调动自己的热情。

9. 通过运动、冥想、瑜伽、按摩松弛身心。开阔视野，拓宽自己的兴趣范围。

10. 俗话说："人比人，气死人。"不要将自己的生活与他人进行比较，尤其是各方面都强于你的人，做最好的自己就行了。

11. 用心记录美好的事情，锁定温馨、快乐的时刻。

12. 失败没有什么好掩饰的，那只能说明你暂时尚未成功。

13. 尝试以前没有做过的事，开辟新的生活空间。

14. 与精力旺盛又充满希望的人交往。

此外，我们还可以根据各自不同的情绪反应，对自己施行一些辅助治疗，例如：

1. 移情治疗

享受阳光和运动的美好，能够让抑郁的心情得到显著的放松。同时培养对新鲜事物的兴趣和爱好，让自己的生活每天都充实、积极，这是不用花钱自己动手就能办到的方法。

2. 食疗方法

"催眠"食谱：球状莴苣有镇静、安眠的功效，生食、煮汤或热炒，安神催眠的效果都不错。香蕉的成分里有诱导睡眠的褪黑激素，以及天然安眠药色胺酸。

"抗抑郁"食谱：酸枣仁、百合、龙眼、莲子，都有解郁、安神的功效，首乌和桑葚有滋补肝肾之效，可治抑郁症、失眠、健忘烦躁等症。